学术研究专著系列·机电工程

JIYU XITONG TUPU DE FUZA JIDIAN XITONG ZHUANGTAI FENXI FANGFA

基于系统图谱的复杂机电系统状态分析方法

孙 锴 著

西北工业大学出版社

图书在版编目(CIP)数据

基于系统图谱的复杂机电系统状态分析方法/孙锴著. —西安：西北工业大学出版社，
2016.8

ISBN 978 - 7 - 5612 - 5079 - 2

Ⅰ.①基… Ⅱ.①孙… Ⅲ.①机电系统—状态分析—研究 Ⅳ.①TM7

中国版本图书馆 CIP 数据核字（2016）第 217131 号

策划编辑：雷　军
责任编辑：雷　军

出版发行：西北工业大学出版社
通信地址：西安市友谊西路 127 号　　邮编：710072
电　　话：(029)88493844　88491757
网　　址：www.nwpup.com
印　刷　者：陕西天意印务有限责任公司
开　　本：787 mm×1 092 mm　　1/16
印　　张：9　插页：16
字　　数：209 千字
版　　次：2016 年 8 月第 1 版　2016 年 8 月第 1 次印刷
定　　价：58.00 元

前　言

　　流程工业生产系统是通过流体、能量和信息,多介质传递耦合,由多种动力装置、反应装备和控制设备构成的分布式复杂机电系统。近年来,随着事故类型和数量的增加,我们发现以往被忽略的因素,如微小设备或部件异常引发的故障和事故,带来的损失甚至超过了关键设备和典型故障,系统状态分析问题实质上已经演变为一个安全系统工程问题。

　　现代企业通过以分布式控制系统(Distributed Control System,DCS)为核心的监控系统对整个生产过程进行监测和记录,保存了系统运行的所有信息。通过分析 DCS 监测数据集分析系统的运行状态是一种切实可行的系统安全分析方法。由于复杂机电系统自身的特性,其监测数据集是具有海量性、非线性、多源性、层次性的含有噪声的数据包,传统的基于数据降维的多元统计分析方法难以从全局角度分析系统运行状态,量化某个故障对整个系统造成的危害程度。

　　为了充分利用系统监控数据集,分析系统数据间普遍存在的复杂关联关系,对系统进行全面的状态分析,本书以数据可视化理论为依据,提出系统图谱的概念,建立了一整套基于系统图谱的系统运行状态分析及故障诊断的理论和算法。[①]

　　书中首次提出系统图谱的概念。将数据可视化技术引入分布式复杂机电系统安全监控领域,利用 DCS 数据集自身所具有的数据间高度的关联性和耦合性,制定数据着色规则,将DCS 数据投影到色彩相空间中,构造系统图谱作为之后面向人机交互和自动分析的基础。利用数字图像像素自身特有的非线性、关联性和耦合性展示 DCS 监测数据间复杂的关系,避免了数据降维所带来的复杂的数学运算,并且消除了数据海量性、非线性和耦合性对系统分析造成的影响。

　　为了有效地构造系统图谱,需要对 DCS 数据进行预处理,包括对 DCS 数据集的分割、归一化和降噪。本书提出时间域数据分割方法。利用单变量时间序列的自相关性分析 DCS监测数据集中每个监测变量的周期,统计所有变量周期性的共同规律,从而得出系统的统计平均周期。以系统的统计平均周期为基本单位,对 DCS 监测数据集在时间域进行分割,消除时间海量性对系统分析的影响;提出通过数据归一化消除数据的多源性的方法。针对由不同类型的监测变量的量纲不同而导致的 DCS 监测数据集的各个变量的绝对值的差异问题,利用数据标准化算法,对 DCS 监测数据集先做归一化处理,再根据数据着色规则构造归一化系统彩色图谱,从而消除了数据多源性造成的系统彩色图谱中横向联系被隔断的问题,并且进一步分析了归一化系统彩色图谱中不同的颜色与系统稳定性之间的关系;提出二维

　　① 本研究受到国家 863 计划(项目编号:2006AA04Z441,2007AA04Z432)和国家自然科学基金(项目编号:51175402,61104025)的支持。

全阈值小波降噪消除归一化系统彩色图谱中的白噪声。针对小波变化可以区分噪声信息和系统高频信息的特点，利用全阈值小波降噪法消除归一化系统彩色图谱中的噪声后得到消噪后的系统彩色图谱，作为系统分析和故障诊断的基础。

本书以 DCS 数据集构成的系统图谱为研究对象，首先提出面向人机交互的系统状态分析和故障诊断方法。分析不同类型系统图谱与系统运行健康状态的关系，利用人眼对于色彩变化的敏感度远远高于数字的生理特点，建立一种依赖人眼挑出代表系统运行异常的系统图谱的规则。然后，利用数字图像处理技术分析系统图谱，提出系统危险度指标、正常程度函数、危险能量函数等定量描述系统运行健康状态的参数，提出面向计算机自动分析的企业级系统安全运行程度量化方法和故障模式识别技术，同时还给出一套基于监测数据集的企业健康状态评级方法。

为了说明基于系统图谱分析系统运行健康状态的有效性，本书以某煤化工企业的空气压缩机组的监测数据为实例，验证本研究所提出的系统分析和故障诊断方法。同时，依提出的系统分析和故障诊断方法为核心算法，开发了一套面向流程工业系统安全监控原型软件。

本书著者孙锴，西安交通大学控制科学与工程专业博士毕业，现任教于西安建筑科技大学机电工程学院。多年来一直从事质量与可靠性、制造系统状态监测与分析以及化工系统安全分析等方面的研究，参与多项国家自然科学基金的研究工作，发表多篇学术论文，并获得多项国家发明专利。

本书在撰写过程中查阅了大量文献，在此向文献作者表示衷心感谢！

由于水平有限，书中难免有不足欠妥之处，恳切希望读者予以批评指正。

著　者

2016 年 5 月

目 录

主要符号表

DCS	分布式控制系统(Distributed Control System)
$\boldsymbol{X}$	数据矩阵
$X(i,j)$	采样值
$\boldsymbol{\Pi}$	色彩相空间
χ	着色规则
$\boldsymbol{\Gamma}$	系统彩色图谱
$\boldsymbol{X}$	数据矩阵向量
$\boldsymbol{\Gamma}$	彩色图谱序列
Γ^{N}	正常运行状态的彩色图谱集合
Γ^{A}	异常运行状态的彩色图谱集合
Γ_{std}	基准彩色图谱
Λ_k	异常图谱
$W_k(\Lambda_k)$	危险度指标
$\boldsymbol{W}$	危险度指标序列
memFun	正常程度函数
$\boldsymbol{H}$	系统空间
X_{up}	系统上阈值面
X_{down}	系统下阈值面
X_{th}	系统阈值空间
$\boldsymbol{B}$	系统边界
X_f	系统异常模式矩阵
P	系统故障图谱
B_f	故障相似度函数
PBW	系统故障图谱库
$\boldsymbol{W}$	权重矩阵
$\boldsymbol{X}_{fw}$	系统异常模式权重矩阵
F	危险能量函数
$D(X)$	系统健康状态分级函数

第1章　复杂机电系统运行健康状态分析的传统理论

以能源重化工为代表的现代流程工业系统由一系列机电设备通过物质流、能量流和信息流紧密耦合而成，各单元要素之间呈现复杂非线性耦合关系，具有分布地域广泛、组成单元众多、耦合关系复杂等特点，称为分布式复杂机电系统[1]。随着计算机技术与控制技术的飞速发展，一方面，分布式复杂机电系统不断向大型化、智能化、集约化方向发展，复杂程度不断提高；另一方面，对系统安全性、可靠性的要求也不断增加。因此，系统生产运行过程的长周期平稳性和可靠性成为现代流程工业生产的重要目标和任务[2]。

1.1　复杂机电系统的安全问题

以能源重化工为代表的现代流程工业系统由一系列机电设备通过物质流、能量流和信息流紧密耦合而成，各单元要素之间呈现复杂非线性耦合关系，具有分布地域广泛、组成单元众多、耦合关系复杂等特点，称为分布式复杂机电系统[1]。随着计算机技术与控制技术的飞速发展，一方面，分布式复杂机电系统不断向大型化、智能化、集约化方向发展，复杂程度不断提高；另一方面，对系统安全性、可靠性的要求也不断增加。因此，系统生产运行过程的长周期平稳性和可靠性成为现代流程工业生产的重要目标和任务[2]。

在能源重化工为代表的现代流程工业生产系统中，由于生产过程和加工对象属于高温、高压和易燃、易爆等物质，因此发生火灾、爆炸、污染泄露、人员中毒等安全事故的概率远远高于其他产业，停产一天的经济损失可达数百万元，并造成重大的人员伤亡。例如，1984 年的印度博帕尔灾难被称为人类历史上最惨的中毒事件，共导致了 2.5 万人丧生，55 万人间接致死，20 余万人永久残废，并造成孕妇流产和死产 122 例，77 名新生儿出生后不久死去，9 名婴儿畸形，对环境更造成难以补救的破坏。至今当地居民的患癌率及儿童夭折率仍因这场灾难而远远高于印度其他城市。1950 年 11 月 21 日，墨西哥波查·里加镇，一所新建的从天然气中回收硫磺的工厂，由于硫化氢泄漏，造成 22 人死亡，320 人被送进医院。1964 年 9 月 14 日，日本富山市，由于氯气贮罐至三氯化磷生产工段约 90 米长的 1 英寸管道，在液氯气化时发生破裂，氯气猛烈喷出，造成 9 167 人受害，其中 533 人患病，47 人入医院治疗。

在国内，据国家安全生产监督管理总局的报告，2014 年 1 至 5 月份，全国共发生 9 起危险化学品和化工重大事故，导致 35 人死亡、52 人受伤。其中，山东滨洲滨阳燃化有限公司"1·1"中毒事件造成 4 人死亡、3 人受伤；安徽亳州康达化工有限公司"1·9"中毒事件造成 4 人死亡、2 人轻伤；吉林通化化工股份有限公司"1·18"爆炸事故造成 3 人死亡、5 人轻伤；四川攀枝花天亿化工有限公司"3·1"泄露着火中毒事故造成 3 人死亡；内蒙古乌海泰和煤焦化公司"4·8"爆炸事故造成 3 人死亡、1 人重伤、1 人轻伤；江苏如皋双马化工公司"4·16"爆炸事故造成 8 人死亡、9 人受伤(其中 3 人危重，Ⅲ度烧伤分别达到 91%，96%，98%)；山西临汾永鑫焦化有限公司"4·26"煤气爆炸事故造成 4 人死亡、31 人受伤(其中 8 人重伤)；辽宁灯塔北方有限公司"4·24"中毒事故造成3人死亡;四川广元天森煤化集团有限公司"5·2"爆炸事故造成3人死亡。在上述9起事故中,5起爆炸事故,4起中毒窒息事故;7起涉及直接作业换接,其中动火3起,进入受限空间2起,检维修2起。

流程工业生产系统中各类设备的小型事故常常导致整个系统停车,给企业造成巨大的经济损失。以2014年1至5月发生的9起较大事故为例,事故往往起因于一些被人们忽略的细节。同时,据我们在某煤化工集团企业的实际调研,该集团每年由于各种小型故障导致的系统全线跳车事故达10余起,造成年直接经济损失2 000万元以上。而这些跳车事故的起因绝大多数都是由于非核心设备的局部微小故障引起的。以企业双甲车间空气压缩机组的两次典型的跳车事故为例。第一次是因为转速突然下降而导致的紧急停车事故。事故原因调查结果为涡轮轴封泄露导致高温气体辐射电缆,使得电液转换器无法正常传输信号,以控制高位阀正常动作,最终因蒸汽流量下降而导致系统停车。另一次跳车事故是由于涡轮控制柜内的一个继电器的触电氧化使得接触电阻增加,无法正常送出闭合信号。这些事故表明,流程工业系统作为一个典型的分布式复杂机电系统,包含机、电、液、高温、动力传输和控制信号传递等多种因素,系统设备间紧密关联、高度耦合、结构复杂,任何微小的故障或扰动都有可能被系统放大和传递,形成级联式"雪崩",造成系统崩溃。若不进行预防的话,任何局部性的故障都有可能造成全局性的影响。因此,流程工业系统的安全生产问题不仅仅要关注核心设备,而是一个系统性的、全局性的问题,必须对其中的所有设备都给予足够的重视,站在系统层面考虑系统运行的健康状态,才能更好地保障生产安全。

以印度博帕尔灾难为例,因为系统整体安全性的极度恶化,必然会出现重大安全事故。1984年12月3日凌晨,美国联合碳化物属下的联合碳化物(印度)有限公司设于贫民区附近的一所农药厂发生甲基异氰酸酯(MIC,一种易燃、易爆且具有挥发性的剧毒液体)泄露,引发著名的印度博帕尔灾难。MIC的毒性极强,对人体的毒性表现为:眼和上呼吸道的刺激表现;低浓度引起咳嗽、流泪,高浓度致角膜溃烂,失明;刺激还可致上呼吸道感染及嗅觉丧失;高浓度的MIC可通过无损的皮肤吸收,引起皮肤水肿,组织坏死;可引起严重的急性肺水肿而致人死亡,并继发感染、肺功能损伤及肺纤维化。MIC的长期影响可导致失明、不育、智力迟钝等。

从表面上看,造成事故的直接原因是负责清洗管道和过滤器的一名新工人在清洗过程中,由于疏忽忘了插入一个防止水渗入MIC储藏罐的专用的碟片,结果水流进了储藏罐并导致罐内的压力激增,致使一个减压阀打开,40吨MIC被释放到了城市的上空。但是,麻省理工学院安全工程专家Nancy Leveson教授通过深入分析事故原因,认为管道清洗工在整个事故中只是一个微不足道的角色。管道清洗工作应该在主管的监督下进行,但是这个职位却因为压缩成本而取消了。而管道清洗工的职位较低,也不应该负责插入碟片。退一步说,即使MIC被水污染,如果能按照设计要求将MIC冷藏,也不至于引起压力激增。然而,冷冻设备一直没有运行,而且洗涤器也应该阻挡MIC从管道泄漏出来。但不幸的是,洗涤器也停止了工作。因此,整个事故真正的原因在于长期积累所造成的安全状况恶化,以及对这些状况的熟视无睹。一系列错误的决策将工厂推向深渊的边缘,以至于任何轻微的失误都可能导致重大事故[3]。可以说,事故的发生是必然的,造成事故的原因是偶然的,整个系统的健康运行状态的极度恶化才是导致事故发生的真正原因。

流程工业系统的核心监控系统称为分布式控制系统(Distsributed Control System,DCS),包含数以千记的各种类型的传感器,遍布整个系统。随着计算机和自动控制技术的发展与进步,DCS中的监测点不断增加,采样周期不断缩短,导致DCS监测数据日益积累,形成了海量 DCS 监测数据集,以数据变量的形式实时记录了整个系统的运行信息。DCS 监测数据集反映了整个系统在全生命周期的运行状态、寿命状态与工作状态,从系统层面记录了整个系统的健康状态信息,是整个系统在不同时刻、不同工况下的下的真实记录,蕴含了系统运行状态的内在演化规律与本质。因此,如何从庞大的 DCS 监测数据集中挖掘有用信息,发现系统内在运行规律,判断系统整体运行态势,快速准确地定位和排除故障,评定系统安全运行等级,对于减少生产系统重大事故、避免人员伤亡、减少财产损失和保证系统平稳健康运行具有重要的社会和经济意义。

1.2　过程监控系统在生产企业中的现状

流程工业系统企业级实时过程监控将企业中所有生产要素上的控制信号、监测信号和设备状态信号集中上传到中央控制系统的数据库中,并通过计算机的显示设备以一定的形式(见图 1-1),展示给操作工人、调度人员、工程师和企业管理人员,作为各类人员保障企业正常生产的技术依据。

设备状态监测与故障诊断技术(Condition Monitoring and Faults Diagnosis,CMFD)是美国在 20 世纪 60 年代提出的一门涵盖多个学科领域的综合性技术。它涵盖了包括传感器、嵌入式技术、测试技术、信号处理技术、模式识别、现代通信技术、高性能计算机技术、人工智能等多个学科领域,是一门交叉学科。

设备故障诊断技术和人类对设备的维护维修方式紧密相连。在工业生产早期,生产规模较小,设备的技术水平和复杂度较低,设备间关联关系少,产品的维护维修更多地依赖于熟练技术工人的经验,以及对事故案例的总结。由于当时的生产设备简单,设备间依赖程度低,一台设备的损坏不会对整个企业生产造成太大的影响,设备的维护维修成本相对较低,没有引起人们足够的重视。大约在 20 世纪 60 年代,美国军方认识到了定期维护维修的一系列问题,从而将被动定期维护维修改为基于设备过程监控的主动预知维修。这种主动预知维修通过对设备运行状态的过程监控,可以发现设备的潜在故障源,从而可以将事故扼杀在萌芽状态,避免灾难性事故的发生,同时还可以降低因为过度维修所造成的维修成本,具有良好的社会效益和经济效益,因此很快被工业生产的各个部门采纳。

以流程工业为代表的分布式复杂机电系统内部的设备空间位置分散、数量庞大、种类众多、各个设备间关系复杂,在连续的生产过程中持续产生物质、能量和信息的交换,具有海量性、多源性、分布性、层次相关性和整体性。其对应的 DCS 监测数据集难以建立严格的解析表达式,具有复杂性和动态性。而且,由于流程工业对于生产安全有着较高的要求,对于事故的容忍度较低,使得 DCS 监测数据集中正常状态样本数量远远大于异常状态样本数量,具有非平衡性。同时,系统中的故障或异常状态通常不具有代表性,重复出现的概率极小,具有非典型性。

故障通常是指系统出现异常现象导致其难以完成所规定的功能。流程工业系统中故障的含义根据问题的出发点不同分为两类:一类是指控制回路部分的故障,如传感器执行机构或过程部件失灵等(Frank et al. 2000);另一类是指生产过程中的故障,包括控制回路、无控制回路的监测变量、系统硬件以及人员误操作(MacGregor, et al. 1996;Dauia and Qin, 1998;Qin,2003)。

第一类故障可以通过操作人员实时观察如图 1-1 所示的监控数据,结合专业知识和工作经验做出合理的判断,随时调整控制回路的数据,保证生产的正常进行。但是,流程工业系统中的设备数量使得需要监测和控制的回路数动辄数以千计,数据的采样周期以分钟或秒为单位。如果按照如图 1-1 所示方式,将系统中的设备以组态的形式在计算机中存储和显示,则需要多个显示屏才能完全显示信息。

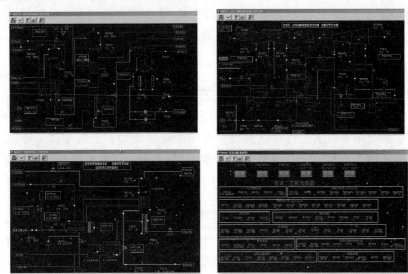

图 1-1 DCS 监测屏幕

心理学的研究表明,人类在同一时刻最多只能关注 7 件不同的事。即使同时设置多块显示屏,将系统中所有设备信息同时显示,也没有人能在一个采样周期内同时关注上千个数据,并给出准确的判读。因此,流程工业系统的企业中都是采取多人同时监控系统、协同操作的方式来保证企业生产的正常进行,如图 1-2 所示。

图 1-2 DCS 控制室

流程工业系统按照生产流程分为多个工段,每个工段设定为一个车间,每个车间都有一个 DCS 控制室,如图 1-2 所示。在控制室中设有多个终端与 DCS 系统相连,将该工段中的系统状态信息实时反映到监控屏幕上,由一线的操作工人负责监控。在每个工段,DCS 需要监测的点位都少则数十,多则上百,需要显示页面数远远大于控制室终端的数目。一般情况下,每一个操作员工需要负责十几个系统页面上的数据。因此,即使一线的操作工人在 8 小时的工作时间内目不转睛地盯着计算机屏幕,也无法顾及所有的系统页面。

在某化工企业调研中,我们对一线的操作工人进行了访谈。根据这些操作工人的讲述,虽然工厂要求他们每人负责十几个组态页面,上百个传感器信号的监测,但是他们实际上只是根据经验,挑选比较重要的十几个,甚至是几个点位加以关注,其他大多数监测数据实际上是被忽略的。而什么点位是重要点位并没有相关的技术手册予以指导,完全是依靠老工人传授经验以及自己的摸索。至于监测数据后出现异常如何处理,则绝大多数依靠以往的案例和工人自身的经验。相关的技术指导手册只是收集整理了不多的典型事故案例,并不能应付稍微复杂的系统故障。在一线生产监控中,人的因素非常重要,操作人员的工作态度和工作经验直接决定着企业生产能否正常进行。

第二类故障在生产过程中发生的概率远远高于第一类故障,且无法用仪器仪表直接测量,需要对监测数据和控制数据进行进一步的分析,结合专业知识,才能做出准确的判断。流程工业系统自身固有的复杂性和层次关联性,使得故障在系统中发生传递,导致故障源往往远离故障发生点。在实际生产企业中表现出来的就是故障源所对应的监测数据和故障发生点所对应的监测点数据并不是由同一个工人甚至同一个车间负责,如图 1-3 所示。这就导致了在某一个操作工人看来在监测范围允许内可以被忽略的数据偏离却正是导致另外一个操作工人监测到的异常数据的原因。

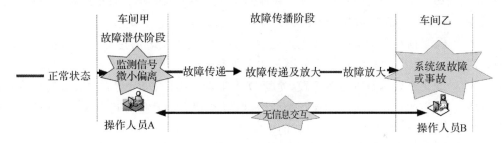

图 1-3 信息不良导致的事故

由于一个 DCS 系统中的操作员工数以百计,并且分布在不同的车间。若要满足操作人员之间点对点的传播,则需要的信息交互网络结构如图 1-4 所示。

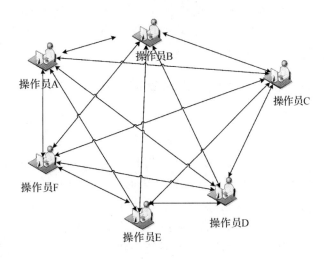

图 1-4 操作人员需要的信息交互网络结构

如图 1-4 所示,n 个操作人员要想进行有效的信息交互,需要的通信网络数目的数量级为 n^n。随着操作人员的增加,信息交互渠道的数量规模以 n 阶增长。现有的 DCS 控制室并没有一个有效的信息交流机制保证操作员工之间可以流畅地交流信息,因此导致故障溯源异常困难。在实际生产中,很多事故发生后,难以找到故障源。从企业的生产事故报告中可以发现,70% 以上的事故并没有找到真正的事故原因。

在企业调研中我们还发现,DCS 中虽然对于监控数据的简单分析,但是仅限于给出单点的时序图像,以及报警信息等,从未涉及点与点之间的相关性分析。而且缺乏对于历史数据的分析。DCS 本身自带的数据存储系统极小,最多只能保留 3 天的监测数据。超过时间的监测数据将被自动清除。如果想要保留监测数据,需要企业花费巨额资金另行购买实时数据库。虽然企业购买了一些国外知名企业的故障分析系统,但是由于流程工业系统故障本身的非平衡性和非典型性,使得这些故障分析系统在实际生产中对于减少事故发生率所起的作用很小。企业对于 DCS 监控数据的应用始终停留在人工监控阶段,基于数据驱动的系统运行健康状态自动分析技术还处于理论研究阶段,并没有一套完整的满足企业安全生产监控需求的解决方案。DCS 监控系统积累下来的宝贵历史数据没有为企业创造任何经济效益,被企业视为无用的"数据垃圾"。加之存储介质的成本以及数据管理的成本,使得企业普遍缺乏妥善保存 DCS 监控数据的意愿。

综上所述,目前在我国流程工业生产企业中,以 DCS 为代表的过程监控系统还停留在最原始的单人单点人工操作阶段,人的因素在企业安全生产中所占的比例过大,自动化程度极低。而且,缺乏有效的数据分析手段,使得 DCS 监测数据的积累、保存与有效管理没有得到充分的重视,有的企业甚至从不保存监测数据,导致现有的数据分析手段缺乏数据基础,反之又阻碍了数据分析技术与方法研究的发展,造成了恶性循环。

1.3　数据驱动系统状态分析方法及国内外研究现状

系统状态是一个用于描述系统动态特性的概念,包括系统相互关联的各组成单元及其进行的动作。对于小单元或小系统,系统状态通常由一组物理量来表征,如电机电流、轴承震动、转子转速、温度、压力和流量等,通过物理量的变化即可描述系统状态的变化[4]。本书所涉及状态主要是指整个系统的健康运行状态。

1.3.1　数据驱动系统状态分析的研究对象和内容

以流程工业为代表的复杂机电系统都配备了完善的以 DCS 为核心的生产设备故障诊断和生产运行状态监控系统,完整记录了系统所有设备的生产过程,形成了一个庞大的高维海量数据信息。由于分布式复杂机电系统在结构和功能上具有整体性、层次性、分布性、相关性、复杂性和动态性的特点,其 DCS 监测数据集也呈现非线性、多源性、非平衡性、非典型性和非线性等多种复杂特征并存的现象[5]。因此,流程工业生产系统积累下来的 DCS 监测数据集是整个系统全生命周期的真实记录,也是我们的研究对象。

系统状态监测与分析的目的就是为了对系统的状态做出科学合理的判断,尽早发现系统状态的潜在变化,实现故障的早期诊断,并对系统当前状态和未来走势做出科学判断,实现系统状态的评估与预测。对于单元或设备来说,故障是指因某种原因不能完成规定功能或危害安全的现象[6]。由于复杂机电系统的各个部分高度耦合,紧密联系,任何局部微小的故障或扰动都会通过系统介质迅速传播,造成大面积的数据异常,湮没真正的故障源。需要在企业层面实现故障模式识别和溯源。同时,如何深度挖掘数据集内部蕴含的系统动态演化规律,得出系统的健康运行趋势,对系统设备给出科学的大修预警,制定完善的安全等级评定体制,也是状态分析需要研究的内容。因此,研究基于多特征数据的复杂系统健康状态的评估、预测理论与方法具有非常重要的理论价值和实际应用价值。

1.3.2　系统状态分析研究现状

分布式复杂机电系统的运行状态分析方法可分为基于解析模型、基于知识和基于数据分析等三类方法[7,8]。

基于解析模型的状态分析方法又称为解析冗余法,需要已知系统的解析表达式。该方法以系统的数学模型为基础,利用状态观测器、卡尔曼滤波器、参数估计辨识和等价空间状态方程等方法产生残差,根据残差的产生方式可细分为状态观测法、参数估计法和等价关系法等。然后基于某种准则或阈值对残差进行分析与评价,以实现状态和故障诊断,与系统的机理模型紧密结合,可以方便地实现监控、容错控制、故障重构等。然而,对于具有大量的影响因素和变量的分布式复杂机电系统来说,这些变量之间只有少数在设计阶段具有确定的解析表达式,在运行阶段它们之间的影响关系是复杂的,实际应用中很难建立解析表达式[9]。

基于知识的状态分析方法是以领域专家的启发式经验或模型知识为核心,找到局部故障和系统异常状态之间的因果关系,有专家系统、模糊推理、神经网络、符号有向图[10]、故障树[11]和定性趋势分析[12]等方法。这类方法在复杂机电系统状态分析中存在两个主要问题:①这类方法依赖于系统的先验知识,其有效性依赖于知识的准确度和完整性,而实际应用中往往难以实现;②为了实现知识的表达,在建模过程中往往采用系统的静态知识,无法反应系统的动态过程,或者动态过程的知识急速扩大了搜索空间,超过了实际的计算和存储能力[13]。

基于数据分析的方法,也称作数据驱动的方法。与前两类方法相比,这类方法对于系统的解析表达式和先验知识没有严格的要求,而是从系统的大量历史数据和实时数据中得到系统变量间的影响关系或知识,避免了基于解析模型的方法难以获取系统精确解析模型的问题,以及基于知识的方法在分析推理过程中的先验知识的获取问题和动态知识的表达问题。基于数据驱动的复杂系统状态分析方法目前已经在化工、冶金、机械、物流等多个行业得到了广泛的应用。美国 University of Minnesota 于 2002 年主办了题为"IMA hot topics workshop: Data-driven control and optimization"的研讨会。IEEE 从 2008 年开始举办 The IEEE Int Workshop on Defect and Data-driven Testing,专注于各类基于数据驱动的数据异常检测和故障诊断技术。在国内,国家自然科学基金委员会于 2008 年召开了"基于数据的控制、决策、调度和故障诊断"研讨会。2009 年第三届全国技术过程故障诊断与安全学术会议的三场大会报告中有两场是关于基于数据驱动的故障检测、诊断与辨识技术。

分布式复杂机电系统的运行过程中积累了海量多态的数据。然而,随着系统规模的扩大和复杂程度的提高,未经处理的原始数据根本无法说明系统运行状态。这些海量数据可能蕴含着系统状态为正常或异常的所有征兆,目前已有很多的理论和方法将这些征兆从数据中提取或分离出来。从数据分析的角度看,经过转换而对状态分析有价值的数据被称为特征数据[14],将这类从原始数据转换为特征的一大类方法从广义上归入特征提取的概念,实际上包含了特征检测、特征选择、特征抽取、特征分类等一系列理论和方法,这些方法又可以进一步区分为统计类方法和非统计类方法。它们都是通过某种映射来实现对原始数据某种意义上的约简。

1.3.3　数据驱动系统运行状态分析

在传统的基于数据驱动的系统分析方法中,主要分为定性分析与定量分析两类方法:定性分析主要是包含专家系统和定性趋势模型 QTA(Qualitative Trend Modeling)两类方法;定量分析可以分为非统计方法和统计方法两大类。本书采用的是基于数据驱动的系统状态定量分析方法。

1. 多元统计方法

以主元分析、偏最小二乘分析、独立分量分析(Independent Component Analysis,ICA)等为代表的多元统计分析方法,其主要思想是通过采用多变量投影的方法将数据降维。这类方法能够建立特征或由特征组成的统计量的控制图,以及时发现系统故障,在流程工业生产中应用很广。PCA 方法是其中较有代表性的方法[15],其主要思想是将数据通过坐标的平移和旋转变换,找到原始数据变异的最大的几个方向及其投影,从而达到维数约简的目的。PCA 方法对于含有噪声和高度线性相关的多变量监测数据特别有效,它能从原系统变量中提取具有最佳解释能力的综合变量,克服了变量之间的多重相关性造成的信息重叠,并能有效地区分信息与噪声,降低异常点和错误样本对建模的影响。

以 PCA 方法为例,其用于系统状态监测和评估的主要步骤为:①从历史的正常和故障状态数据中分别建立参考 PCA 模型;②对每个参考 PCA 模型计算实时监测数据的多元统计量,常见的有 SPE 或 T^2 统计量;③判别所有模型中最小的多元统计量,其对应的状态作为当前系统状态的评估结果。

在实际应用中,PCA 方法通过将原始数据从高维信息投影到低维子空间,能提供展示直观信息的主元图;如果关心对原始数据的解释程度,可以用主元的累积贡献率或平均特征值来衡量;如果关心模型的预测能力,可以用交叉有效性检验或 Akaike 信息准则等确定需要保留的主元数;对于过程监控和故障检测,一些广泛应用的多元统计量如 SPE 或 T^2 等[16,17]还可以从特定 PCA 模型中直接计算出来以用于过程在线监控。此外,多尺度 PCA 方法(Multiscale PCA,MSPCA)[16,17]将传统 PCA 与小波变换的特点相结合,实现了在多尺度上进行故障的监测。

多元统计分析方法的主要问题是在进行数据降维过程中可能会发生信息丢失,并且其提取的特征或特征统计量与故障类型相关,可辨别的历史故障库难以用这种方法一一建立。传统的多元统计分析方法只对线性问题有效,例如 PCA 方法本质上是对历史数据集所构成的输入空间作线性变换。在很多情况下,数据集具有任意分布,特别是具有非线性关系而不能用线性分类时,传统的 PCA 方法无法使用。以核主元分析(Kernel PCA,KPCA)方法为代表的非线性 PCA 方法考虑到了非线性问题[18]，其主要思想是由一个非线性映射函数将输入空间投影到高维特征空间，再在此特征空间上应用线性 PCA 方法[19]。但这类非线性 PCA 方法要求了解非线性部分的性质等知识，使得非线性映射函数的选取限定于少数几个具体的情况；由于没有统一的准则来选取合适的非线性函数，缺乏坚实的理论基础，使得其性能不是很稳定[7]。此外，非线性映射的使用使得其诊断结果的可解释性不如传统 PCA 方法，因而限制了其应用范围。

2. 数据挖掘方法

分布式复杂机电系统的数据资源十分丰富，近来发展迅速的数据挖掘方法作为解决"数据丰富，知识缺乏"的典型问题的技术，数据挖掘技术在很多场合下也称为知识发现，可用于发现未知的关系，并利用有价值的新颖方式总结数据，从海量数据中提取其中隐含的潜在有用的信息和知识，为历史数据和有用知识之间架起桥梁。一般数据挖掘过程包含数据选择、预处理、数据转换、数据挖掘、模式解释和知识评价等多个步骤，现有的绝大部分特征提取方法都可以作为数据挖掘方法的主要步骤之一。数据挖掘方法与模式识别和机器学习的理论方法有很大重叠，常用的如关联规则、决策树、神经网络、隐马尔科夫链、支持向量机等，这些方法为状态分析中的特征提取和分类提供了很多选择。

在实际生产环境中，系统的特性和行为受到系统状态及其内在运行机理的约束，由许多过程变量共同决定，采集的数据具有海量、高维、非线性等特点，没有明显的起始和终止点，任何一个变量的变化都可能会影响其他变量甚至是系统状态的变化。由于系统机理的复杂性，系统的状态不仅与输入状态有关，而且与中间调节过程有关，很难辨别出某变量的异常波动是属于正常工况的波动还是异常或故障的前奏。针对异常数据如报警数据的数据挖掘考虑到了上述因素，采用关联规则数据挖掘方法对异常数据进行分析能够得到一些有指导意义的结论[20,21]。传统的关联规则数据挖掘方法建立在静态数据集上[21]，对于挖掘条件改变的适应性不强，因而考虑系统动态特性的序列模式挖掘得到了广泛的应用。例如，大量的事故调查反映出现代工业复杂系统中存在报警泛滥的现象，然而在低价值、重复和因果报警泛滥的报警信息中隐藏了大量有用的信息[22]，常用的序列模式挖掘算法对报警数据进行分析取得了很好的效果。报警或异常数据挖掘在通信网络领域应用广泛[23,24]，目前在流程工业中的应用还比较少见。另外，大多数数据挖掘方法未考虑数据集的分布非均匀的情况[25]，对于存在非线性因素的挖掘分析会得到一些错误的知识[26-29]。

数据挖掘方法应用于系统状态分析的主要问题有以下三个方面：首先，分布式复杂机电系统监测数据的高维数、强关联和非线性的特点，以及干扰的噪声、系统知识的缺乏带来的数据的不确定性，使得实际应用中大多数数据挖掘算法的处理效果不好；其次，难以获得与领域密切相关的知识，特别是对反映分布式复杂机电系统的动态模式的数据挖掘研究还很缺乏，这主要是由于现有数据挖掘算法不能有效处理动态或连续变化的数据；第三，由于从大量数据中发现小模式是状态分析中异常检测的主要方法，实际应用中正常状态数据多而异常状态数据少，因此目前大多数数据挖掘方法都不能有效地从大规模数据中辨识小模式。

3. 数据融合方法

数据融合是利用多个数据源提供的数据或信息在一定准则下加以分析和综合，以完成推理、决策或估计的过程[30]。根据信息论的原理,由单维信息融合起来的多维信息,其信息含量比任何一个单维信息量都要大,因而随着系统规模和复杂度的不断增加,数据融合在解决系统状态分析中面临的不确定性问题时具有独特的优越性。数据融合方法最早应用于军事领域,随后就应用于故障诊断[31]领域。在分布式复杂机电系统的状态分析中,由于数据来源的多样性,多源数据需要在不同层次上进行有效融合,目前应用中主要有特征级融合与决策级融合。特征级融合首先从多个数据源中提取有效特征,再将有效特征合并为一个特征集合向量,输入到模式识别方法进行分析和估计;决策级融合要求每个数据源首先完成独立的估计或决策,然后再对每个数据源的属性进行分类融合[32]。

特征级融合除了要选择合适的特征抽取方法以保证特征的有效性以外,还要考虑到多数据源提供的特征所存在的关联性和冗余性,需要一定的特征选择方法。在已有特征基础上的过滤式特征选择方法按照特征评价标准可分为距离度量、信息度量、依赖性度量和一致性度量[33],具体算法有 RELIEF[34]、信息熵方法[35]、HSIC 准则方法[36] 和 LVF[37] 等,但面对实际应用问题需要考虑到数据类型、问题规模和样本数量。分布式复杂机电系统中采集的数据具有的非平衡性和非典型性对于数据融合问题是一大挑战,绝大多数数据是在正常状态下采集的,在异常状态下采集的数据分属于不同的异常状态。针对这类典型问题,马氏田口系统作为一种多变量模式识别的工程方法,在考虑到多个特征之间关联性的同时,能区分出对系统状态影响较大的特征,提高状态识别的可靠性。

决策级融合的实质是不确定性推理,常用的方法有表决法、人工神经网络[38]、模糊方法[39]、进化算法[40]、贝叶斯推理[41]、证据理论[42]等。其中证据理论由于满足比贝叶斯概率理论更弱的条件,获得了广泛应用。妨碍证据理论方法更广泛应用的主要原因是该方法可能导致的巨大计算量问题,即证据组合爆炸问题。在证据理论基础上的扩展包括,如何处理不确定性证据,如何用证据理论表示规则强度,如何推广证据理论等[43],在此基础上出现的广义证据理论和可传递信度模型[44,45]为证据理论在更广的范围内应用奠定了理论基础。

数据融合方法在分布式复杂机电系统状态分析的应用中存在的问题主要在于两个方面。首先,数据融合方法通常需要与特征提取的方法相结合,而状态评估和预测的有效性依赖于所提取的特征信息的准确性,因此要提高状态分析的有效性必须提高所提取特征的有效性;第二,根据应用场合的不同,有时多个数据源的引入反而导致系统准确性的下降,这是与数据融合的目的背道而驰的,因此数据融合方法必须根据应用场合的特点合理选择。

专家系统应用于系统分析和故障诊断的研究最早见于 Henley(1984)[46],Chester,Lamb 和 Dhurjati(1984)[47]。Tarifa 和 Scenna(1997)[48]将有向图(Sined Directed Graphs,SDG)和模糊逻辑引入专家系统,以便于预测系统的行为,从而超越故障诊断,实现系统分析。Scenna 利用专家系统实现了批处理(2000)[49]。虽然故障诊断专家系统自出现以来已经有了大量的研究成果,但是其不足之处也显而易见。由于专家系统过于依赖基于知识的规则,导致应用面极为狭窄,并且难以更新。

QTA 是另一种重要的通过定性分析实现流程监控及监督控制的方法,可用于流程工业中的故障诊断和状态预测。Cheung 和 Stephanopoulos(1990)将三角测量引入 QTA 中代表状态趋势[50],Janusz 和 Venkatasubramanian(1991)提出基于三角测量表述状态趋势的原始语言[51];Mah,Tamhane 和 Patel(1995)引入分段线性表述状态趋势[52]。Vedam(1997)利用小波分析、神经网络和 B 样条曲线提取状态趋势[53]。Maurya(2007)将有向图和主元分析法引入 QTA,实现模式匹配,用于故障模式分类[54]。

在定量分析领域中,故障诊断问题实质上是一类模式识别问题,通常利用模式识别的理论方法将数据集归于某个预先定义的类中。

最有效的基于统计的状态分析理论是基于多变量统计的动态数据监测诊断方法,如主元分析(PCA)[55-57]、偏最小二乘法(PLS)[58]、典型变量分析(CVA)、独立成分分析(ICA)、小波变换法、谱分析法、支持矢量机(SVM)、小世界理论[59,60]和有向图法[61]等。

神经网络是典型的非统计的定量分析方法,通常用于海量数据集模式识别,因此可以用于故障模式分类以及识别。但是,神经元数量限制,导致神经网络所允许分析的变量数十分有限,并且需要大量的学习样本,因此限制了其在复杂机电系统状态分析中的应用。

无论是定性分析还是定量分析方法,都试图通过对单变量和多变量间的耦合关系分析,了解系统的整体健康状态。虽然 DCS 系统中每一个变量的变化都从一个侧面反映了系统在某一方面的健康状态,但是,由于现代工业制造系统是一个由多个机电系统构成的复杂动力学系统,系统元素之间相互影响、相互制约,正负反馈交错,构成了一个非常复杂的非线性耦合关系,这种关系也导致了其系统数据变量之间的复杂耦合关系。因此,按照传统系统工程的还原理论,试图通过对组成系统基本单元状态变化的分析和叠加来掌握系统的整体状态变化显然是不行的,必须利用复杂系统理论,采取单元到整体、整体到单元、宏观到微观、微观到宏观、定性与定量相结合的方法来研究系统的健康状态。

1.3.4　目前研究中存在的问题

目前,在对 DCS 监测数据集的分析方面,仍局限于单因素和具体单元的故障报警分析与异常分析,存在着"富数据,贫知识"的现象。如何利用这些丰富的多特征数据信息发现系统潜在的异常与动态演化规律,实现对系统健康状态的科学预测与早期故障预防,仍是一个尚未解决的问题。

1. 日趋完善的单元监控与复杂系统协同监控的不协调

随着故障诊断理论与单元监控技术的完善与发展,对于以流程工业为代表的复杂生产系统,为了保证系统的安全运行,现有的传统方法对系统的关键重要设备部署了丰富与完善的故障诊断与监测系统,在单台设备的安全分析与故障监测分析方面国内外众多的学者和研究机构做了大量卓有成效的研究工作。但是,从前述的分析我们可以看到,以流程工业为代表的生产系统,是一个复杂系统,其系统之间的关联是一个非线性的复杂耦合关系,单元与单元之间的相互影响具有复杂系统的"涌现性"特征。仅仅试图从单元监控技术的完善谋求解决整个系统的安全问题是不可能的。这也是近些年来在复杂机电系统安全与系统健康状态管理所未解决的瓶颈问题,也是目前在完善的单元监控技术下,仍然无法避免系统恶性事故频繁发生的主要原因之一。因此,目前需要从复杂系统和系统动力学的角度,通过研究系统子单元之间的耦合关系,揭示系统的整体动态演化规律,通过研究设备群单元设备之间的耦合关系,实现单元管理控制与系统宏观管理控制的协调一致。

2. 单因素分析方法与系统海量多态信息的不匹配

现代流程工业生产系统通常都配备了完善的以 DCS 为核心的生产设备故障诊断监控

系统和生产运行状态监控系统。通过对整个生产设备、生产过程的监测和记录,形成了一个庞大的多态海量数据信息。这些数据信息反映了整个生产系统在不同时刻的设备运行状态、寿命状态与生产系统的工艺状态,是整个生产系统不同时刻、不同工况的真实记录。在这些数据中蕴含了系统状态的内在演化规律与本质。这些数据除了具有时序性以外,还具有非线性、多源异构性、非平衡性、非典型性和海量性(每年的记录数据高达几百个 GB)等多特征并存的特点。目前,在对这些数据信息的分析方面,仍局限于单因素和具体单元的故障报警分析与异常分析,存在着"富数据,贫知识"的不匹配现象。如何利用这些丰富的多特征数据信息发现系统潜在异常与动态演化规律,实现对系统健康状态的科学预测与早期故障预防,仍是一个尚未解决的问题。因此,研究基于事实与多特征数据的复杂系统健康状态的评估、预测理论与方法具有非常重要的理论价值和实际应用价值。

第 2 章　复杂机电系统监测数据图谱的构造方法研究

复杂机电系统 DCS 监测数据集积累了数以千记的时序数据,蕴藏了系统运行时的所有健康状态信息。但是由于数据过多,使得有用信息被"湮没"。人们难以从海量、复杂的数据中快速、准确地提取出有用的信息。为了快速有效地提取 DCS 监测数据集中的系统运行健康状态信息,我们利用数据可视化技术,把 DCS 监测数据集进行着色,投影到色彩相空间,将数值变化映射为色彩变化,构造反应系统动态特性的系统图谱。

2.1　DCS 监测数据集的特点以及面临的问题

从本质上看,现代流程工业生产系统是一种由诸多大型动力机械装置、化工反应设备和自动化控制设备通过流体、电力、控制、信息等多种介质耦合而成的分布式复杂机电系统[62]。分布式复杂机系统的状态分析可以细分为状态监测、故障模式识别、故障溯源和运行趋势分析四部分。数据驱动的分布式复杂机电系统状态分析的关键点在于如何从监测数据集中提取有用的信息,判断系统的运行状态是否正常,以及发生异常时如何迅速定位故障点。若系统的运行状态正常,则其中所有设备都应正常工作,反映在监测数据集上应表现为数据的变化平稳而有规律;若系统运行状态异常,则其对应的监测数据应该出现不规律的跳变,显示系统的稳定性被破坏。但是,分布式复杂机电系统的监测数据集往往含有数以千记的传感器,监测数据的变化现象往往被湮没在数据的海洋中,难以及时察觉。

分布式复杂机电系统作为本文的研究对象,具有整体性、层次性、分布性、复杂性、相关性和动态性的特征。DCS 是以流程工业为代表的复杂机电系统的核心监控系统,包含数以千记的各种类型的传感器,实时上传着系统的各种运行信息,记录了系统所有特征。因此,DCS 监测数据集是分布式复杂机电系统在多维数据空间的投影,在具有和相同的特征之外还有自己的特点。

2.1.1　海量性

分布式复杂机电系统的各个结构单元在空间位置上是分散的,在功能上具有一定的独立

图 2-1　某化工厂全景图

性,彼此之间按照一定方式通过各种控制信息相互联系和作用,实现系统的整体功能,具有分布性。同时,系统的结构单元种类繁多,数量巨大,关系复杂,并且在连续的生产过程中持续产生物质、能量和信息的交换,使得 DCS 积累了庞大的监控数据,具有海量性,如图2-1所示。

以某煤化工集团为例,该企业的生产系统的仪表约 20 000 个,仅 DCS 包含约 5 000 个有效监测点,每 2 分钟上传一次数据,每日采集的数据量在 4GB 左右,不包括报警数据、现场数据以及其他监测诊断系统采集的数据,一年的历史数据约为 1TB,这种采样数据随时间的积累而产生的海量数据称为 DCS 监测数据集的时间海量性。其 DCS 的监测设备统计如表 2-1 所示。并且 DCS 监测数据集的数据量还在随着时间和生产规模的扩大而迅速增加。DCS 系统中设备众多,相关仪表量不仅种类众多,而且监测点的数量数以千记,导致其监测变量相空间的高维性。这种监测变量相空间的高维性称为 DCS 监测数据集的空间海量性。

表 2-1 某煤化工企业 DCS 监测设备统计表

监控设备	一期工程	二期工程	总计
仪表/台	12 103	6 374	18 477
仪表调节阀/台件	714	449	1 163
仪表联锁/套	342	125	467
控制点/个	4 490	3 369	7 859
联锁因素/个	1 294	625	1 919

2.1.2 多源性

从表 2-1 可以看出,DCS 中包含的监测设备数量巨大且种类繁多。例如压力、温度、流量、转速、振动等传感器,根据测量方法和量纲的不同,造成 DCS 数据集中的数据之间的绝对值相差几个数量级,称为数据的多源性。在计算机中绝对值较小的监测变量值会被绝对值较大的监测变量值"吃掉"。

例如,计算二元一次方程 $x^2 - (10^9 + 1)x + 10^9 = 0$ 的根。用因式分解的方法可以得到方程的两个根为 $x_1 = 10^9$,$x_2 = 1$。但是,利用计算机求解时要按照二次方程求根公式 $x_{1,2} = \frac{-b \pm \sqrt{b^2 - 4ac}}{2a}$,其中 $-b = 0.1 \times 10^{10} + 0.000\ 000\ 000\ 1 \times 10^{10}$。若计算机的硬件只能将浮点数表达到小数后 8 位,则 $0.000\ 000\ 000\ 1 \times 10^{10}$ 在计算中将不起作用。因此将有 $-b \approx 0.1 \times 10^{10} = 10^9$。类似地将有 $b^2 - 4ac \approx b^2$,$\sqrt{b^2 - 4ac} \approx |b|$。故求得的两个根为 $x_1 = 10^9$,$x_2 = 0$。很明显,计算机求得的根与因式分解法求得的根不一致。造成这个错误的原因就是数据的绝对值差异,导致数据"对阶"时大数"吃掉"了小数。而数据绝对值间的巨大差异正是复杂机电系统多源性在其监测数据上的反映[63]。

2.1.3 层次性

化工生产系统、航空航天系统、核反应堆、船舶制造、交通运输以及大型设备装置都是复杂机电系统的典型代表,其设备间关联紧密,在功能和结构上具有层次性,划分为若干子系统,形成层次模型如图 2-2 所示[64]。层次之内可以存在多种功能与属性,相同层次的子系统之间通过统一的功能接口进行信息传递。一般而言,顶层为目标层,最下层为对象层,中间可以有多个层次,称为指标层或准则层。

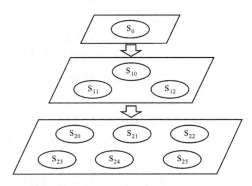

图 2-2　层次模型

如图 2-2 所示的系统的层次性,反映到 DCS 监测数据集上,表现为 DCS 监测数据集的数据间耦合度不同,属于同一层次的数据之间的耦合度较高,不同层次间的数据耦合度较低,各层次之间通过关键变量传递响应。

不同层次的设备单元在功能和结构上具有从属关系,高层次系统的功能实现建立在其低层次子系统功能完全正常的前提下。而相同层次的设备单元之间根据耦合度的高低又可以划分为若干子系统,通过若干关键变量相互影响,形成树状层次模型,如图 2-3 所示[64]。

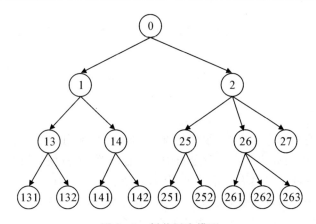

图 2-3　树状层次模型

树状层次模型从一个系统总体功能作为树的根,通过对系统功能的不断分解,生成不同层次的子节点,直到功能不可再分为止,不可再分的子节点称为叶子节点或基本节点,如图 2-3 所示。

在复杂机电系统故障识别领域,最典型的树状模型就是故障树(Fault Tree Analysis,FTA)[65]。故障树模型采用专门的逻辑符号表达系统故障造成的后果以及可能导致系统故障的原因,采用演绎推理的方法自顶向下逐层分析事故的直接原因直至基本事件,充分考虑了人员、设备和环境这三大因素对系统的影响,可以快速定位故障源,并对可能导致事故的基本要素进行有效的监控和管理,是一种较为全面的系统故障识别方法。

2.1.4 关联性

虽然从结构形式看,系统中的设备在地理位置上具有分布性,但是各个装置设备通过物料传递、能量输送和控制信号连接在一起协同工作,将原料加工成预期的产品,实现系统的功能。装置设备的工作状态不仅取决于自身的工况,还要受到系统中其他生产要素的影响,同时也会反过来影响与它关联的装置设备。复杂机电系统中的所有设备在系统动态运行时紧密关联、相互影响,任何局部故障都可能影响整个系统的健康状态,形成级联"雪崩",最终引起系统崩溃的恶性事故,称为系统的关联性。

复杂机电系统的这种设备间的关联性、信息传递性和系统敏感性映射到 DCS 监测数据集,导致无法用单个或几个数学模型对系统的层次性完全加以描述。为了利用 DCS 监测数据集分析复杂机电系统的层次性,可以考虑使用层次聚类算法。聚类分析[66]是数据挖掘的一个重要的研究领域,它是一种无监督学习算法,通过一定的规则将数据按照定义的相似性分为若干簇,可以作为独立的数据挖掘工具来分析数据,也可以作为其他数据挖掘算法的预处理。层次聚类算法[67,68]是聚类分析算法中应用最广泛的算法之一,是各种通用数据分析与数据挖掘商业软件最基础的功能模块之一。但是,层次聚类的时间复杂度较高并且对数据的输入顺序比较敏感,因此对于存在海量变量的 DCS 数据集来说,寻找合适的输入数据排序算法首先就是一项难以完成的工作。同时,层次聚类算法还具有较高的时间复杂度,难以满足系统状态分析的实时性要求。

2.1.5 非线性

可以用形如式(2-1)的线性数学模型描述,并且满足叠加性的系统称为线性系统。

$$
\left.
\begin{aligned}
x_1' &= a_{11}x_1 + \cdots + a_{1n}x_n \\
x_2' &= a_{21}x_1 + \cdots + a_{2n}x_n \\
&\cdots\cdots \\
x_n' &= a_{n1}x_1 + \cdots + a_{nn}x_n
\end{aligned}
\right\}
\tag{2-1}
$$

非线性与线性有本质上的不同,很多情况下非线性系统用线性方法会得到一些错误的结论,例如一些复杂的时间序列在二阶分析中往往被归为"随机信号"或"白噪声",而经过混沌动力学分析发现这些信号具有一定的可预测性,或长程关联性[69]。分布式复杂机电系统从本质上来说是一个非线性系统,其满足耗散结构系统的四个条件,即开放系统、远离平衡态、内部具有非线性的相互作用、存在由于涨落导致的有序。很明显,系统的各个组成单元的输入输出之间一般不满足式(2-1)的线性关系,且存在大量的各类反馈,使得 DCS 监测数据之间不满足线性叠加原理。因此,分布式复杂机电系统复杂性和多样性在数据层面的映射表现为非线性,其连续动力学方程如下:

$$
\left.
\begin{aligned}
x_1' &= f_1(x_1, x_2, \cdots, x_n; c_1, c_2, \cdots, c_m) \\
x_2' &= f_2(x_1, x_2, \cdots, x_n; c_1, c_2, \cdots, c_m) \\
&\cdots\cdots \\
x_n' &= f_n(x_1, x_2, \cdots, x_n; c_1, c_2, \cdots, c_m)
\end{aligned}
\right\}
\tag{2-2}
$$

式中,$(x_1, x_2, \cdots, x_n)$ 为状态变量;$(c_1, c_2, \cdots, c_m)$ 为控制参量;$f_1, f_2, \cdots, f_n$ 中至少应有一个

为非线性函数。在控制参量给定的条件下建立状态空间。系统的状态空间是以 n 个独立变化的状态变量 $x_1, x_2, \cdots, x_n$ 为轴支撑起来的几何空间，又称相空间，n 是状态空间的维数，当 $n=2$ 时也称为相平面。状态变量在相空间上变化的图像称为相图。系统中的相变指系统从一种定态到其他定态的变化，反映系统从一种定性性质向另一种定性性质的转变。改变控制参量则系统状态空间也会相应改变，不同的控制参量对应不同的相空间。以控制参量 $c_1, c_2, \cdots, c_m$ 为轴构造的 m 维空间称为参量空间。参量空间的每个点都对应一个确定的系统。

流程工业生产系统作为一个典型的非线性系统可以用式(2-2)描述。系统的 DCS 监测数据集中的监测数据集记录了系统状态变量以及与之对应的各种控制参量在系统全生命周期中的所有信息。系统的外部扰动、设备故障、控制操作都会导致系统某些结构参数的变化，系统的状态有可能随之发生定性性质的改变，从而导致 DCS 监测数据集中对应数据的变化。多数情况下系统的状态变量在相空间上是一种稳定或渐进稳定的轨迹。当系统中的装置设备存在潜在的故障或已经发生故障时，相空间轨迹必然导致一些监测变量超过阈值，可以通过相空间运动轨迹提取的特征中识别出来。因此，流程工业系统的动态运行特性分析实际上就是对系统的稳定性、混沌性、涌现性等非线性特征的分析。

1. 稳定性

复杂机电系统的动态特性分析首先需要分析系统的稳定性。系统的稳定性是指系统在受到扰动后能否消除偏离。实际系统不可避免地承受来自环境和系统自身的各种扰动，这种扰动会使系统的结构、状态和行为有所偏离。小扰动引起的偏离会造成怎样的后果；扰动消失后，系统能否恢复原样等。分析动态系统的稳定性需要同时分析运动稳定性与结构稳定性。

在动力系统理论中，一个定态的稳定性通过其相空间轨道的终态走向来判别。由于初值问题和控制参量的影响，非线性系统的状态参量只能分析某个解的稳定性，而不讨论系统本身的稳定性。也就是说根据系统状态参数只能确定在特定系统参量下的系统运行状态的稳定性。非线性系统由某个解的稳定与否一般不能判定其他解的稳定与否。动力系统理论中为了考察控制参量变化对系统状态的影响，一个重要的研究课题是非线性系统的结构稳定性问题。

结构稳定性不是指系统各组分之间关联方式的稳定性，而是指系统相图结构的稳定性，但两者有内在联系。考察控制参量的改变所引起的系统相图变化，可以分析非线性系统的结构稳定性。在参量空间中确定一点，即可得到系统对应的相图结构。如果系统在参量空间表现出相图的稳定性，即控制参量的微小扰动不会引起系统相图变化，系统结构是稳定的，说明系统组分之间的关联方式也是稳定的；反之，如果控制参量的微小扰动引起系统相图发生了定性性质的改变，则说明组分之间关联方式必定出现定性性质的变化，那么系统结构则是不稳定的。从协同学角度来看，可将控制参量看作慢变量，而将状态变量看作快变量，其本质区别是其对状态变化影响程度的大小，控制参量决定了系统状态变化的方向，因此其对应的结构稳定性问题是状态分析中应主要关注的问题。

2. 混沌性

分布式复杂机电系统的非线性是造成 DCS 监测数据集混乱无序或混沌的核心要素。

在参量空间中,改变控制参量会引起动态系统定性性质的改变,有时会导致混沌现象。混沌是指在确定性系统中出现的一种貌似无规则的,类似随机过程的现象。但是这种随机现象和完全随机信号不同,即此时刻的振荡具有非周期性和随机性。但是,这些轨迹被限制在相空间的有限区域内[70]。著名的 Logistic 映射说明了即使是非常简单的非线性模型也可能具有极其复杂的动力学行为——混沌现象。

Logistic 映射:

$$x_{n+1} = \mu x_n (1-x_n), \quad \mu \in [0,4], x \in [0,1] \tag{2-3}$$

通常用分岔图来表示动力系统的参量空间的变化规律。控制参数 μ 变化时的分岔图如图 2-4 所示。

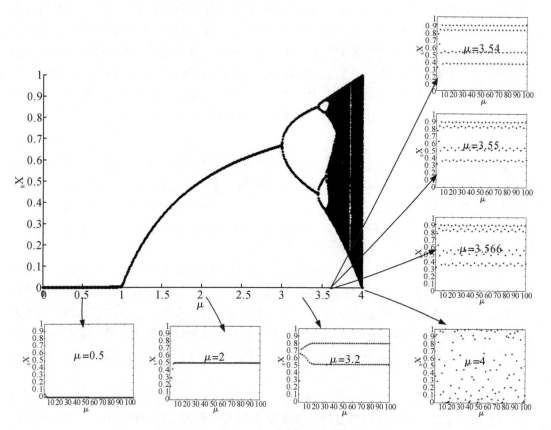

图 2-4 Logistic 映射的分岔图

图 2-4 很清晰地表明,不动点、周期点和混沌点的定性性质是完全不同的。在系统动态演化过程中,分岔总是伴随着突变现象,即系统定性性质的突然改变,分岔和突变是对同一动力学现象从不同角度的解释。突变有两种含义:一是强调变化发生的瞬时性、骤然性,指的是在可以忽略的时间间隔内完成的变化。二指的是非常剧烈的变化。当系统处于稳定状态时,干扰引起的系统轨道混乱能够渐渐衰减,回到原有的状态;当系统处于不稳定的临界状态时,某些小的涨落引起更大的涨落,如同多米诺骨牌一样,驱使系统从不稳定状态以分岔和突变等形式跃迁到新的状态,这就是著名的蝴蝶效应。

流程工业生产系统中一般是通过各种控制系统使得其状态变量随时间在某一范围内变

化,因此具有连续流程的化工生产都是在定态下进行的,但这种定态不一定是平衡态,而有可能是非平衡定态。由非线性动力学的理论得知,非线性方程组中的参数取值不同,解的形式及其相轨迹可以有定点、极限环、拟周期或混沌等形式,有发生分岔和突变的可能。突变是非线性系统通有的行为,只要满足一定条件,系统的内在因素就会导致突变的发生。分布式复杂机电系统的状态分析中分岔或突变往往与系统局部或整体的故障有关系,例如某个部件或设备的故障失效、不符合操作规程的控制操作等。这些所引起的系统结构参数变化,有引发恶性事故出现蝴蝶效应的潜在可能,是需要特别关注的动力学现象。

3. 涌现性

复杂性科学研究的先驱者 John H. Holland 对涌现性的定义是:"涌现现象是以相互作用为中心的,它比单个行为的简单累加要复杂得多。"涌现性的概念的核心是"整体大于部分之和",一旦把系统整体分解成为各个组成部分,系统的特性就不复存在了。

流程工业系统的生产装置庞大复杂,包括诸多大型动力机械装备、化工反应装备和自动化控制设备和供电、供水、供热等庞大的辅助系统等。系统中的各种控制器、塔、槽、罐、泵等以管道或电路相连通,中间经过了物质、能量和信息的交换,各变量间以复杂的方式耦合,相互影响,发生耦合作用,具有涌现性。由于系统的涌现性,关键设备部件的概念已经不再简单的以设备的大小来定义,而是看其对整个系统的影响。设备部件在系统中的作用难以用设备本身的功能来说明,有时微小部件的故障会引发重大安全事故,甚至造成整个系统的崩溃。越来越多的故障和事故案例表明事故和故障呈现多样性,发生故障的直接原因各异,有些故障发生过就不再发生,系统中的故障或异常状态通常不具有代表性,重复出现的概率极小,具有非典型性。看似偶然的故障和事故造成的影响和损失累积起来甚至超过了主要设备及其典型故障,故障分布具有"胖尾"或"长尾"效应。

神经网络模拟人脑处理信息的方法,将具有相似功能的神经元相互连接,形成以复杂方式连接的网络处理外部世界的信息[71]。单层前向神经网络是最典型的神经网路模型之一,其拓扑结构如图 2-5 所示。

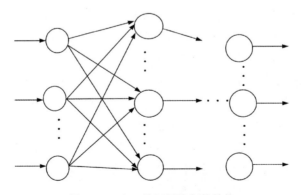

图 2-5　人工神经网络拓扑结构

一个人工神经元是生物神经元的极度简化,图 2-5 中的一个神经元对输入向量进行简单的运算为

$$y_k = \varphi\left(\sum_{j=0}^{p} \omega_{kj} x_j - \vartheta_k\right) \tag{2-4}$$

式中，$(x_1,x_2,\cdots,x_p)$为输入信号；y_k为输出信号；φ为传递函数；ω_{kj}为连接权重，表示突触对信号的增强或抑制；ϑ_k为细胞内阈值；p为输入节点数；k为输出节点标号。

人工神经网络的拓扑结构用一组权重向量$(\omega_{k_1},\omega_{k_2},\cdots,\omega_{k_p})$表示外部的刺激，同时神经元的位置、激活水平也可以用向量来表示。整个人工神经网络中所有的神经元必须共同作用才能实现对外界的表示，系统内部的状态以及输出均可用向量表示，并且可以通过训练自行调整网络性能，具有自组织行为和自我学习能力，是数据驱动反向建立系统动态模型体现涌现性的强有力的工具。但是，由于流程工业对于生产安全有着较高的要求，对于事故的容忍度较低，DCS监测数据集中正常状态样本数量远远大于异常状态样本数量，具有非平衡性，使得可以用来训练神经网络的故障样本较少，难以取得令人满意的结果。

综上所述，分布式复杂机电系统的非线性对于DCS监测数据集的影响主要体现为：系统结构的稳定性与控制参量密切相关；外界的干扰有时使系统出现混沌现象，引发蝴蝶效应，导致监测变量数据集的非典型性，系统涌现性要求必须使用多变量数据分析的方法将整个监测数据集中的变量作为一个整体来分析处理。

2.2　数据可视化技术

牛津词典对于可视化的解释为："将某种事物构成图像反映到你的脑海中的动作(The act of forming somebody/something in your mind)。"可视化可以定义为：将本来无法以人类视觉观察到的信息通过空间变换，使人类可以直接观察。可视化技术是将数据转换成可显示的图像以便于人类感应的技术。随着计算机技术的广泛应用，利用计算机图形实现信息的理解和传递成为了可视化技术的工程基础。数字图像处理技术和计算机视觉技术的发展更是进一步延伸了可视化技术覆盖的技术领域。

可视化技术的前身是计算机图形学，根据侧重点的不同，可以分为三个分支：科学计算可视化、信息可视化和数据可视化。科学计算可视化本质上是为了把计算所得的二维或三维数据以图形的形式表示出来，以便于人们的理解，对象涉及标量、矢量和张量等有明确的空间对应关系的数据。笛卡儿开创的解析几何就是其极具代表性的成果。信息可视化则是专注于如何将没有明确空间位置对应关系的数据，如学生各门课的考试成绩，体检的各项指标等多维的标量数据，以人类更容易理解的图形方式展现出来。数据可视化不仅需要通过图形图像来展示计算结果，还需要分析计算过程中数据的变化情况，以实现对数据处理的引导和控制，并通过交互手段改变参数，调整结果。数据可视化技术是指运用数字图形处理和计算机图形学的理论和技术，将计算数据、工程数据和测量数据转化为图形图像在屏幕上显示出来，并进行分析和交互的理论、方法和技术。

现代可视化技术是指运用计算机图形学和数字图像处理技术，将数据转换为图形或图像在屏幕上显示出来，并进行交互处理的理论、方法和技术。可视化技术凭借着计算机强大的运算能力和计算机图形图像学丰富的算法，通过海量数据转化为某种静态或动态的数字图像或图形，利用人类对于图形图像的敏感性远远超过数字的生理特性，将隐含在数据海洋中的不可见信息成为可见，做到了"大海捞针"。

1. 可视化技术的发展历程

最早出现的可视化技术是科学计算可视化，McCormicketal 在 1987 对其的定义为："可视化是一种将符号或数据转换为直观的几何图形，便于研究人员观察其模拟和计算过程的计算方法。可视化包括了图像综合，是用来解释输入到计算机中的图像数据，并从复杂的多维数据中生成图像的一种工具[72]。"Harber 在 1990 年对可视化技术的定义是：为了充分而深刻地理解从实际物理和仿真系统获得的数据，联合应用现有的多种数字图像技术如计算机图形学、数字图像处理、计算机视觉、计算机辅助设计、几何建模、逼近论、认知心理学和用户界面研究等[73]。Senay 在 1994 年对于科学数据可视化的定义是：科学数据可视化支持科学家们使用图形图像工具验证假说和发现新现象。它通过将数据映射到图形基元，在信息领域获得更深刻的洞察力[74]。

科学计算数据可视化（简称数据可视化）是可视化技术最先发展起来的一个分支。科学计算数据可视化技术是一种抽取待分析数据的某些特征，并将之转化为计算机图形图像，为分析数据、理解数据、寻找规律和决策分析提供了强有力的技术方法，是涉及计算机图形学、数字图像处理、计算机视觉、计算机辅助设计等多个领域的一门交叉学科，如图 2-6 所示。

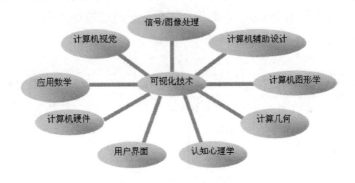

图 2-6　可视化技术涵盖的领域

数据可视化最早提出是为了满足科学家在运用计算机进行数据计算的过程中了解数据变化的需求。数据可视化技术是一种将符号描述转化为图形图像的计算方法。随着计算机技术的发展，可视化的概念也在不断扩展，不再仅仅只是科学计算数据的可视化，还包括了工程数据和测量数据的可视化，以及涉及现实社会的数据信息可视化。科学计算数据可视化的显示对象为各种不同类别的空间数据，如标量、矢量、张量等，目的在于真实、快速地显示多维数据场。数据信息可视化（简称信息可视化）技术针对的是工业生产信息、地理信息、金融数据、商业信息、文献信息和抽象概念等工程、地理、人文领域的信息系统积累的海量数据的信息显示问题。

信息可视化技术更多的涉及心理学和人机交互问题，研究的重点在于设计和选择合适的显示方式，更好地将隐藏在庞大的多维数据内部的数据间的关联关系显示出来。随着信息技术的迅速发展，各个行业的信息系统中都积累了海量数据。如何充分利用这些数据，深度挖掘不同的隐藏其中的数据间的关联关系，快速得出我们需要的信息，是如今蓬勃兴起的大数据研究的目的。信息可视化技术不仅能用图像显示多维的非空间数据，还用直观形象的图像来指引检索过程,提高检索速度,是大数据分析的一个重要的辅助技术工具[75]。

在20世纪90年代,国际上对信息可视化做了一系列广泛而深入的专题讨论,取得了一些重要的进展。比较有影响力的关于信息可视化的国际会议是由电气与电子工程师学会(Institute for Electrical and Electronic Engineers,IEEE)所组织的两个系列国际研讨会,集中体现了该领域的研究水平。这两个研讨会是:自1997年起,每年7月在英国伦敦举办的"International Conference on Information";自1995年起,每年10月在美国举办的"IEEE symposium on Informaiton Visualization"。随着计算机功能的不断提高,各种图形显卡以及可视化软件以及信息技术的快速发展,可视化技术目前在地质学、海洋、气象、航空、商务、金融、通信、生物学、医学等多个领域都已经得到了广泛的应用。

2. 信息可视化的基本过程

信息可视化的完整过程包括信息的组织与调度、静态可视化、过程可视化和探索性分析,如图2-7所示[75]。其中,静态可视化运用符号系统反应信息的各种特征;过程可视化负责监控信息处理、维护、分析和使用的过程;探索性分析结合信息的背景知识,为深入理解知识信息提供技术支持。信息组织与调度一方面负责筛选海量信息,为静态可视化、过程可视化和探索性分析提供数据支撑;另一方面将可视化分析的结果存入相应的数据库中,提高信息系统中数据的可用性。

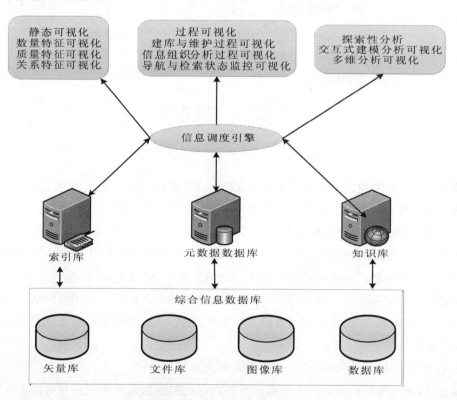

图2-7　信息可视化过程

可视化技术是从数据到图像再到人类的感知系统的可调节映射。如图2-8所示,从原始数据到人类的感知系统可以认知的信息,需要经历一系列的数据转换。

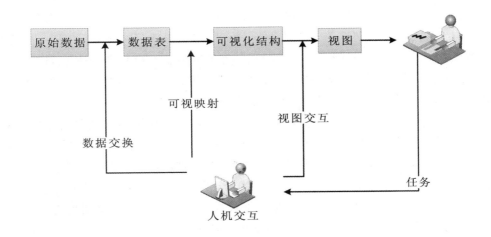

图 2-8　信息可视化过程中数据的转换

如图 2-8 中的箭头所示,数据形式从左到右经过了一系列的转换,最终以人类感知器官最熟悉的某种图形图像形式将隐藏在数据中的信息显示出来。信息管理人员再根据从图形图像中解读出的数据信息,做出决策并下达任务给操作人员,实现信息的反馈控制。

数据交换根据数据间的相关性将原始数据映射为数据表,是整个信息可视化过程的核心。数据表基于数学关系,将数据间的关联关系初步展示出来。可视化映射结合了图形的空间结构特点,进一步形象地展示了数据间的关联关系。视图变换通过定义位置、缩放比例、裁剪等数字图像技术将隐藏在可视化结构中的信息提取出来并放大,做到一目了然,达到信息获取的目的。

3. 高维数据的信息可视化技术

高维数据的信息可视化技术从简单到复杂有曲线图、层次图、像素图、符号图和几何投影图,如图 2-9 所示[76]。针对 DCS 监测数据集具有海量高维的特性,本研究选择应用基于像素的可视化技术将数据转化为数字图像,实现显示系统动态运行信息的目的。

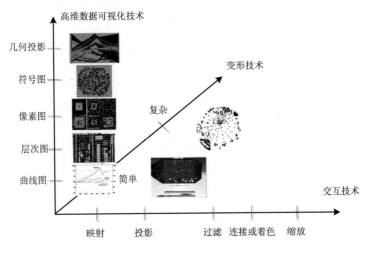

图 2-9　高维数据可视化技术

　　数据可视化技术在高维数据自动或半自动分析领域相比其他技术(如统计分析、机器学习、人工智能等)最大的优势在于人机交互性。数据可视化技术通过将数据按照一定的方式映射、投影、过滤、着色和缩放,将隐藏于数据中的有用信息显示出来,供分析人员观察、分析和快速反馈,从而准确把握数据分析工具的有效性。这是其他非可视化工具难以做到的。DCS 监控数据集的海量性、高维性和非线性使得系统的状态信息被湮没在数字的海洋中。由于流程工业生产对于设备运行状态的高度关注,需要实时监测 DCS 数据的变化情况,从而为分析系统运行状态提供数据支持。高维数据分析作为数据挖掘的一个重要的应用,对于实时快速地显示海量高维数据有着其他非可视化技术难以企及的优势。基于像素的数据可视化技术作为是高维数据可视化技术的一个重要分支,是经典的专门针对海量高维数据的信息显示技术。它的优势在于对于数据的维数没有限制,也不受数据间相关性和非线性的影响,可以显示高度耦合的非线性海量数据集。因此,我们将基于像素的数据可视化技术引入流程工业系统 DCS 在线监测领域,用于实现 DCS 监测数据集的实时单屏显示技术。

2.3　田纳西-伊斯曼化工仿真系统

　　为了更好地说明本研究提出的基于数据可视化的系统运行状态分析方法,我们选择了国际上通用的田纳西-伊斯曼过程仿真过程的 DCS 数据集。在之后的章节我们用来验证方法有效性的数据集都是利用田纳西仿真系统生成的 DCS 监控数据集。

　　田纳西-伊斯曼过程以微分方程模拟化工生产过程,构造的化工仿真系统,是国际上通行的用于化工领域数据驱动系统状态分析方法的验证标准[3]。田纳西-伊斯曼过程仿真过程(Tennessee - Eastman Process, TEP)是由伊斯曼化学公司创建的,其目的是为评价工程控制和监控方法提供一个现实的工业过程。测试过程基于一个真实的工业过程的仿真。过程包括 5 个主要单元:反应器、冷凝器、压缩机、分离器和汽提塔;包含 8 种成分:A,B,C,D,E,F,G 和 H。

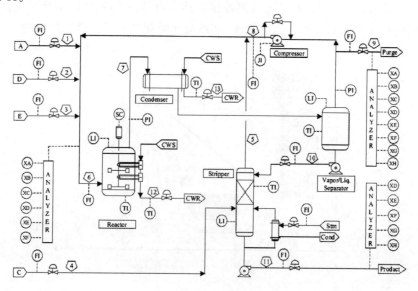

图 2-10　田纳西-伊斯曼过程

图 2-10 是田纳西-伊斯曼过程的工艺流程图。反应器的产品流通过冷凝器冷却,然后送入气/液分离器。从气/液分离器中出来的蒸汽通过压缩机再循环送入反应器。为了防止过程中惰性组分和反应副产品的积聚,必须排放一部分再循环流。来自分离器的冷凝成分(流 10)被泵送入汽提塔。流 4 用于汽提流 10 中的剩余反应物,这些剩余反应物通过流 5 与再循环流结合,回到反应器中。从汽提塔底部出来的产品 G 和 H 被送到下游过程(图 2-10 中不包含下游过程)。

气体成分 A,C,D 和 E 以及惰性组分 B 被送入反应器,液态产物 G 和 H 在反应器中形成。反应器中的各种反应式如下:

A(g)+C(g)+D(g)→G(liq)

A(g)+C(g)+E(g)→H(liq)

A(g)+E(g)→F(liq)

3D(g)→2F(liq)

物质 F 是反应的副产品,反应是不可逆、放热的。

训练集和测试集中的数据包含了所有的控制变量和测量变量,除了反应器的搅拌器搅动速度,总共有 $m=52$ 个监测变量(不包含搅动速度,是因为没有对它进行控制)。根据系统的化工流程,定义系统综合向量由系统过程监测量、成分监测量和控制变量共同构成。系统过程监测量如表 2-2 所示,系统成分监测量如表 2-3 所示,控制变量如表 2-4 所示。因此,可以得到系统监测变量集为

$$var=\{XMEAS(1),\cdots,XMEAS(41),XMV(1),\cdots,XMV(11)\}$$

表 2-2　系统过程监测量

变量	描述	单位
XMEAS(1)	A 进料(流 1)	km³/h
XMEAS(2)	D 进料(流 2)	kg/h
XMEAS(3)	E 进料(流 3)	kg/h
XMEAS(4)	总进料(流 4)	km³/h
XMEAS(5)	再循环流量(流 8)	km³/h
XMEAS(6)	反应器进料流量(流 6)	km³/h
XMEAS(7)	反应器压力	kPa(表值)
XMEAS(8)	反应器等级	%
XMEAS(9)	反应器温度	℃
XMEAS(10)	排放速度(流 9)	km³/h
XMEAS(11)	产品分离器温度	℃
XMEAS(12)	产品分离器液位	%
XMEAS(13)	产品分离器压力	kPa(表值)
XMEAS(14)	产品分离器塔底低流量(流 10)	m³/h
XMEAS(15)	汽提器等级	%

续表

变量	描述	单位
XMEAS(16)	汽提器压力	kPa(表值)
XMEAS(17)	汽提器塔底低流量(流11)	m³/h
XMEAS(18)	汽提器温度	℃
XMEAS(19)	汽提器流量	kg/h
XMEAS(20)	压缩机功率	kW
XMEAS(21)	反应器冷却水出口温度	℃
XMEAS(22)	分离器冷却水出口温度	℃

表 2-3 系统综合向量-成分监测量

变量	描述	流	采样间隔/min
XMEAS(23)	成分 A	6	6
XMEAS(24)	成分 B	6	6
XMEAS(25)	成分 C	6	6
XMEAS(26)	成分 D	6	6
XMEAS(27)	成分 E	6	6
XMEAS(28)	成分 F	6	6
XMEAS(29)	成分 A	9	6
XMEAS(30)	成分 B	9	6
XMEAS(31)	成分 C	9	6
XMEAS(32)	成分 D	9	6
XMEAS(33)	成分 E	9	6
XMEAS(34)	成分 F	9	6
XMEAS(35)	成分 G	9	6
XMEAS(36)	成分 H	9	6
XMEAS(37)	成分 D	11	15
XMEAS(38)	成分 E	11	15
XMEAS(39)	成分 F	11	15
XMEAS(40)	成分 G	11	15
XMEAS(41)	成分 H	11	15

表 2-4 系统综合向量-控制变量

变量	描述	变量	描述
XMV(1)	D 进料量(流2)	XMV(7)	分离器液流量(流10)
XMV(2)	E 进料量(流3)	XMV(8)	汽提器液流量(流11)

续表

变量	描述	变量	描述
XMV(3)	A 进料量(流 1)	XMV(9)	汽提器水流阀
XMV(4)	总进料量(流 4)	XMV(10)	反应器冷却水流量
XMV(5)	压缩机再循环阀	XMV(11)	冷凝器冷却水流量
XMV(6)	排放阀(流 9)	XMV(12)	搅拌速度

TEP 包括 41 个测量变量和 12 个控制变量。表 22 中列出 22 个过程监测量;表 23 中列出 19 个成分监测量,分别从流 6,9 和 11 中测出;控制变量在表 2-4 中列出。所有的过程测量值都包含白噪声。TEP 同时还包含 21 中典型故障模式,作为故障模式识别和溯源的标准数据包,如表 2-5 所示。

DCS 积累下来的监测数据集包含了上千个时序数据。以 TEP 无故障监测数据集为例,其共包含生成了 52 个时间序列,如图 2-11 所示。图 2-11 中每个子图代表一个监测变量的时间序列,横轴为时间,纵轴为监测值。

表 2-5 典型故障类型

故障号	故障名	故障类型
模式 1	A/C 进料比率故障,B 成分不变(流 4)	阶跃
模式 2	B 成分故障,A/C 进料比率不变(流 4)	阶跃
模式 3	D 的进料量(流 2)故障	阶跃
模式 4	反应器冷却水的入口温度故障	阶跃
模式 5	冷凝器冷却水的入口温度故障	阶跃
模式 6	A 进料损失(流 1)	阶跃
模式 7	C 存在压力损失——可用性降低(流 4)	阶跃
模式 8	A,B,C 进料成分(流 4)	随机变量
模式 9	D 的进料量(流 2)故障	随机变量
模式 10	C 的进料量(流 2)故障	随机变量
模式 11	反应器冷却水的入口温度故障	随机变量
模式 12	冷凝器冷却水的入口温度故障	随机变量
模式 13	反应动态	慢偏移
模式 14	反应器冷却水阀门	黏住
模式 15	冷凝器冷却水阀门	黏住
模式 16	未知	未知
模式 17	未知	未知
模式 18	未知	未知
模式 19	未知	未知
模式 20	未知	未知
模式 21	流 4 的阀门固定在稳态位置	恒定位置

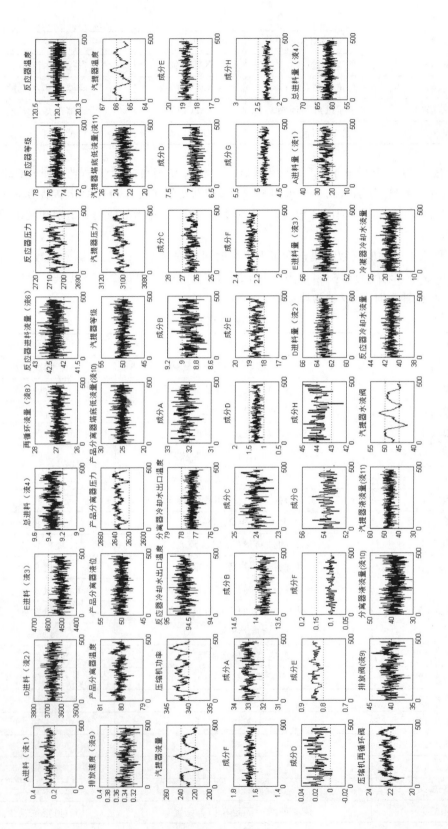

图2-11 TEP无故障数据包所有监测变量的时间序列

2.4　系统图谱构造方法

　　数据驱动的分布式复杂机电系统状态分析方法由于其海量性、多源性、分布性、层次性和非线性导致对其监测数据集进行数据分析的困难度极高,需要借助极为复杂的数学工具来分析变量间的关系。目前最为常用的方法主要是以数据降维为主要思想的多变量统计分析方法。虽然多年来众多的数学家做了大量的研究工作,但是非线性数据降维在数学领域仍然是一个非常复杂和困难的过程,缺乏有效的数学工具。针对这一现状,本章将数据可视化技术引入分布式复杂机电系统监测数据分析领域,把数据变量之间复杂的关联关系用简单、直观的数字图像显示出来,用数据研究图像,用图像表示数据,达到了一个统一的相互促进的过程。

2.4.1　数据矩阵

　　DCS 监控数据集是一个包含 n 个监测变量时间序列的多变量时间序列集。按照一定的时间段,截取每个变量的 m 个采样值,将这些采样值按照以监测变量为行,以采样时间为列的规则进行排布,可以得到一个 $m \times n$ 的二维矩阵。

　　定义 2.1　数据矩阵 X:构造复杂系统监测向量的 $m \times n$ 阶矩阵:

$$n \text{ 个监测变量}$$

$$X = \begin{bmatrix} x_{11} & x_{12} & \cdots & x_{1n} \\ x_{21} & x_{22} & \cdots & x_{2n} \\ \vdots & \vdots & & \vdots \\ x_{m1} & x_{m2} & \cdots & x_{mn} \end{bmatrix}_{m \times n} \quad 时间轴 \qquad (2-5)$$

　　式(2-5)称为分布式复杂机电系统时空分布矩阵(以下简称数据矩阵),反映了分布式复杂机电系统的时间和空间分布规则。数据矩阵 X 中的 $x_{i,j}$ 代表第 j 个监测变量在第 i 个采样周期的采样值元素值。n 个变量构成 $S \in R^m$ 的 Hausdorff 拓扑空间,m 个采样值 $D \in R^m$ 也构成 Hausdorff 拓扑空间。它们的笛卡儿乘积 $S \times D \in R^{m \times n}$ 构造的积空间也是 Hausdorff 拓扑空间。二维 Hausdorff 拓扑空间 $X \in R^2$,$f: S \times D \to X$ 将 $m \times n$ 维数据矩阵 X 所在的 Hausdorff 拓扑空间映射到二维 Hausdorff 拓扑空间 $X \in R^2$。数据矩阵 X 的一维行向量 $[x_{i1} \quad x_{i2} \quad \cdots \quad x_{in}] \in R^n$ 是系统的 n 个监测变量在某一时刻 i 的一个采样值,代表某个特定时间点系统的动态特性。数据矩阵 X 的列向量 $[x_{1j} \quad x_{2j} \quad \cdots \quad x_{mj}]^T \in R^m$ 是系统的第 j 个监测点的一维时间序列。

2.4.2　系统彩色图谱构造方法

1. 数据着色规则

　　数据矩阵 X 中的元素值代表系统变量在特定时空点的取值。$x_{i,j}$ 代表第 j 个系统变量在第 i 个采样周期的采样值。为了更清晰和直观地显示数据矩阵 X 中的所有采样值的变化规律,我们引入数据可视化的概念,将数据矩阵 X 中采样值与三维色彩相空间中的颜色值相对应,制定数据矩阵 $\boldsymbol{X}$ 的着色规则,将采样值从数据空间投影到色彩相空间,利用人类视觉对颜色变化的敏感远远大于数据的生理特性,将采样值的细微变化通过色彩的变化显现出来。

(1)颜色模型。颜色特征是在图像检索中应用最为广泛的视觉特征,主要原因在于颜色往往和图像中所包含的物体或场景十分相关。此外,与其他的视觉特征相比,颜色特征对图像本身的尺寸、方向、视角的依赖性较小,从而具有较高的鲁棒性。面向图像检索的颜色特征的表达涉及到若干问题。首先,我们需要选择合适的颜色空间来描述颜色特征;其次,我们要采用一定的量化方法将颜色特征表达为向量的形式;最后,还要定义一种相似度(距离)标准用来衡量图像之间在颜色上的相似性。

颜色直方图可以基于不同的颜色空间和坐标系,最常用的颜色空间是 RGB 颜色空间,原因在于大部分的数字图像都是用这种颜色空间表达。然而,RGB 空间结构并不符合人们对颜色相似性的主观判断。因此,有人提出了基于 HSV 空间、Luv 空间和 Lab 空间的颜色直方图,因为它们更接近于人们对颜色的主观认识。其中 HSV 空间是直方图最常用的颜色空间。它的三个分量分别代表色彩(Hue)、饱和度(Saturation)和值(Value)。在本节中,我们选用最常见的 RGB 颜色空间。

红色 R、绿色 G 和蓝色 B 三原色(r, g, b)共同构成的三维色彩相空间 C^3 是 R×G×B→C^3 的三维乘积空间。将数据矩阵 $\boldsymbol{X}$ 的采样值 $\boldsymbol{X}(i,j)=x_{i,j}$ 映射到三维乘积空间 C^3,即 $\chi:x_{ij}\rightarrow$ $\Pi\subset C^3$,利用三维色彩相空间中具有不同的 R,G,B 取值的颜色代替不同大小的采样值,直观地显示出采样值之间的大小差异,从而将数据矩阵 $\boldsymbol{X}$ 映射到三维 RGB 色彩相空间中, $\Pi\subset C^3$。

在计算机图像中,根据记录每个像素色彩的计算机字节数,可以将彩色图像划分黑白度,16 色,256 色和 24 位真彩图等。为了最大限度地显示 DCS 采样值的变化规律,在这里我们采用 24 位真彩来给数据矩阵 $\boldsymbol{X}$ 着色。如图 2-12 所示,

红色 R,绿色 G 和蓝色 B 为三原色。色彩学告诉我们,不同比例的 RGB 三原色可以合成出任意色彩,色彩空间中颜色的分布规律如图 2-13 所示。

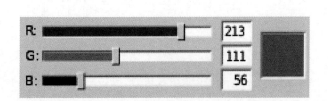

图 2-12　24 位真彩图像的色彩模型

图 2-13　RGB 色彩立方体

图 2-13 中的坐标原点为(0,0,0),表示黑色。从坐标原点出发,X 轴代表红色从 0 至

255 增大,Y 轴代表蓝色,从 0 至 255 增大,Z 轴代表绿色,从 0 至 255 增大,(255,255,255) 是色彩立方体原点对脚线上的点,代表白色。整个立方体显示了 RGB 三原色作为色彩成分 从(0,0,0)到(255,255,255)整个色彩变化规律。

（2）采样值着色算法。计算颜色直方图需要将颜色空间划分成若干个小的颜色区间, 每个小区间成为直方图的一个区间,这个过程称为颜色量化（color quantization）。然后,通 过计算颜色落在每个小区间内的像素数量可以得到颜色直方图。颜色量化有许多方法,例 如向量量化、聚类方法或者神经网络方法。最为常用的做法是将颜色空间的各个分量（维 度）均匀地进行划分。相比之下,聚类算法则会考虑到图像颜色特征在整个空间中的分布情 况,从而避免出现某些区间的像素数量非常稀疏的情况,使量化更为有效[77,78]。

定义 2.2　颜色区间：以数据矩阵 X 的最大值和最小值为边界,建立系统变量区间 $[X_{min}, X_{max}]$。根据三维色彩相空间 C^3 的颜色总数 N_{col} 平均划分变量区间,每个变量区间的 长度为 $L: \dfrac{X_{max} - X_{min}}{N_{col}}$,从而将整个系统变量区间划分为 N_{col} 个小区间,即 $CX:[X_{min}, X_{min} + L; X_{min} + L, X_{min} + 2L; \cdots; X_{max} - L, X_{max}]$。色彩相空间 C^3 遵循赤橙黄绿青蓝紫的色彩变化 规律——对应 CX 中的各个小区间,称为颜色区间 CX。

定义 2.3　采样值的色彩相空间映射（采样值着色规则）：将数据矩阵中的每个元素值 按照数值的大小分别映射到对应的颜色区间 CX 中,用颜色区间 CX 所对应的颜色取代数 据矩阵的元素值 $x_{i,j}$,从而整个数据矩阵映射到三维色彩相空间 Π 中,亦可称为数据矩阵采 样值着色。

数据矩阵 X 中的采样值着色算法如下：

第一步：构造数据边界 $[x_{min}, x_{max}]$,$\forall x_{ij}$,$x_{min} \leqslant x_{ij} \leqslant x_{max}$,$(x_{min}, x_{ij}, x_{max} \in X)$。

第二步：根据计算机内存容量和对显示图像的要求确定色彩相空间中的色彩个数 N_{col}。

第三步：根据下式将数据矩阵 X 映射到色彩相空间 Π：

$$\chi: p_{ij} = \left[\frac{N_{col} x_{ij}}{x_{max} - x_{min}} \right], \quad x_{ij} \in X, p_{ij} \in \Pi \tag{2-6}$$

2. 系统彩色图谱构造算法

为了快速、全面地分析 DCS 数据集,实现对数据矩阵 X 的同步监测、在线诊断与报警, 利用数字图像中像素间高度的关联耦合关系与复杂机电系统监测数据极为相似的特点,我 们提出了系统彩色图谱的概念,实现系统层面的在线监测与系统状态分析。

二维彩色数字图谱由大量像素构成。每一个单独的像素并没有任何含义,只有将所有 的像素按照一定的规律排列在一起时,才会出现一幅具有特定含义的图像。因此,二维图谱 的像素之间天然的具有高度的相关性和耦合性。我们利用二维图谱中像素所特有整体相关 性,对系统要素进行着色,并按特定的规律排布,就可以把复杂机电系统中的系统变量间所 蕴含的时空关系映射到由二维的欧氏几何平面空间和三维色彩相空间共同组成的二维色彩 相空间中,构造出反映系统整体运行状态的二维彩色数字图谱[78]。

定义 2.4　复杂机电系统二维彩色图谱 Γ：数据矩阵 X 映射到色彩相空间中对应的色 彩值 $p_{ij} \in \Pi$,$i \in [1, m]$,$j \in [1, n]$。利用 RGB 色彩模型将数据矩阵 X 映射到三维色彩相空 间如下式,用特定的颜色取代元素采样值的数值：

$$\xi:X\times\Pi\rightarrow\Gamma \qquad\qquad (2-7)$$

每一个采样值代表二维平面图像中的一个像素,构造出大小为 $m\times n$ 的复杂机电系统二维系统彩色图谱。TEP 无故障数据集的系统二维彩色图谱如图 2-14 所示。

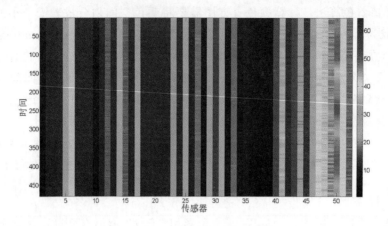

图 2-14　TEP 无故障数据集系统彩色图谱

由于二维欧氏平面空间 R^2 和三维色彩相空间 C^3 具有正交性,因此可以将两个空间相乘构成新的反映系统运行状态的复杂机电系统相空间 $R^2\times C^3\rightarrow M$,称为平面复杂机电系统彩色相空间,以下简称系统相空间。系统变量在系统相空间的映射为系统平面彩色图谱,以下简称彩色图谱。

2.4.3　系统故障图谱构造方法

1. 系统运行状态空间

系统 DCS 监测数据集如表 2-6 所示,DCS 监测数据集构成的数据矩阵 X 中的元素 $x_{i,j}$ 代表第 j 个监测变量的第 i 个监测值。

表 2-6　复杂机电系统 DCS 监测数据集示例

	监测变量			
	46.504 17	0.521 611 8	−200	380.219 8	⋯
	46.575	0.521 611 8	−200	380.219 8	⋯
	46.24 35	0.52 1611 8	−200	380.219 8	⋯
	45.392 06	0.521 856	−200	380.036 6	⋯
时间轴	45.283	0.522 100 2	−200	380.402 9	⋯
	45.367 85	0.521 611 8	−200	380.219 8	⋯
	45.222 29	0.521 611 8	−200	380.402 9	⋯
		⋯		⋯	⋯

数据矩阵 X 是一个 $m \times n$ 阶的二维矩阵 $X_{m \times n}$，行为 X 轴，列为 Y 轴，值为 Z 轴，代表了系统监测集数据在时间和空间上的分布规则。可以在三维空间中显示该数据矩阵，如图 2-15 所示。

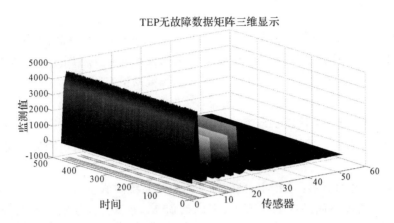

图 2-15　三维欧氏空间中的数据矩阵 X

定义 2.5　系统空间 H：数据矩阵 X 所在的三维欧氏空间称为系统空间 H，亦即 $X \in H \subset R^3$。

数据矩阵 X 在系统空间 H 中的图形形态反映了系统的时空分布状态。定义监测变量为 X 轴，采样时间为 Y 轴，监测值为 Z 轴，在系统空间 H 中显示数据矩阵 X，如图 2-15 所示。因为数据矩阵 X 的取值范围受限于设备参数，因此不可能任意取值，所以系统空间 H 是三维欧氏空间 R^3 的真子集，即 $H \subset R^3$。

2. 系统边界

复杂机电系统在设计时，会给出每一个生产要素的工艺参数的取值范围，当系统正常运行时，系统各个监测点所采集的监测数据不应超出其工艺参数的取值范围。由此可以认为，一旦某监测点的采样值超出系统设计时所规定的取值范围，则该点所监测的系统生产要素一定出现了异常。将系统中所有监测点的取值范围的最大值和最小值分别归拢在一起，可以得到系统的上阈值集合与下阈值集合。

以系统监测变量为 X 轴，以采样值的值为 Z 轴，则在二维欧氏平面中可以画出系统综合向量的上、下阈值线。以系统时间向量为 Y 轴，利用欧氏空间几何中线动成面的方法，将上、下阈值线沿着采样点移动即可得系统正常运行状态的上、下阈值面。

定义 2.6　系统上阈值面 X_{up}：系统第 i 个采样的工艺参数最大值为 $(x_i)_{max}$，则系统上阈值数据矩阵 X_{up} 为

$$X_{up} = \begin{bmatrix} x_{1max} & x_{2max} & \cdots & x_{nmax} \\ \vdots & \vdots & & \vdots \\ x_{1max} & x_{2max} & \cdots & x_{nmax} \end{bmatrix}_{m \times n} \tag{2-8}$$

在系统空间中，系统阈值数据矩阵上 X_{up} 所构成的曲面即为系统的上阈值面。

定义 2.7　系统下阈值面 X_{down}：系统第 i 个采样的工艺参数最大值为 $(x_i)_{min}$，则系统上

阈值数据矩阵 X_{down} 如式(2-9)所示。

$$X_{\text{down}} = \begin{bmatrix} x_{1\min} & x_{2\min} & \cdots & x_{n\min} \\ \vdots & \vdots & & \vdots \\ x_{1\min} & x_{2\min} & \cdots & x_{n\min} \end{bmatrix}_{m \times n} \tag{2-9}$$

在系统空间中，系统阈值数据矩阵上 X_{down} 所构成的曲面即为系统的下阈值面。

定义 2.8 系统阈值空间 H_{th}：数据矩阵 X 中的任意元素 x_{ij}，即 $\forall x_{ij} \in X$，与之对应的上、下阈值面中的元素为 $x_{j\min} \in X_{\text{down}}$ 和 $x_{j\max} \in X_{\text{up}}$，系统阈值空间为

$$H_{\text{th}} = \{ x_{ij} \mid x_{j\min} \leqslant x_{ij} \leqslant x_{j\max}, i=1,2,\cdots,m, j=1,2,\cdots,n \} \tag{2-10}$$

系统上、下阈值面分别代表了系统正常运行时各观测点所能达到的最大值和最小值，因此只要系统处于正常运行状态，所有的监测数据都应该处于上、下阈值面所限定的空间即系统阈值空间 H_{th} 中。

定义 2.9 系统边界 B：系统上、下阈值面所封闭的系统阈值空间 H_{th}，反映了系统正常运行时所在的三维欧氏空间的区域。而上、下阈值面 X_{up} 和 X_{down}，分别称为系统边界 B_{up} 和 B_{down}，统称为系统边界 B。

系统阈值空间 H_{th} 反映了系统正常运行时所在的三维欧氏空间。当监测数据偏离了正常范围时，系统运行状态出现异常，亦即数据矩阵 X 中的元素值超出了系统阈值空间 H_{th}，越过了系统边界 B。根据这一原则，以系统阈值空间 H_{th} 为标准，可以将 DCS 监测数据集中的数据分为两类：正常数据和异常数据。

将田纳西仿真系统 52 个监测点在系统处于正常运行状态时，整个采样周期中各自出现的最大值和最小值，作为系统正常运行监测值的上、下阈值。为了得到更准确的分析结果，已经对 DCS 数据集做了归一化和消噪预处理，如图 2-16 所示。

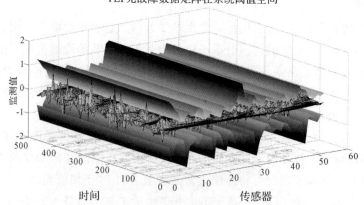

图 2-16 田纳西仿真系统上、下阈值面与无故障数据

很明显，图 2-16 中的上、下阈值面限定了 DCS 数据集在系统欧氏空间中的采样值范围，亦即系统边界。只要数据矩阵 X 始终运行在系统边界内，系统就处于正常运行状态。一旦数据矩阵 X 超出了系统边界，如图 2-17 所示，则监测点位的采样值超出阈值，说明系统出现故障，从而数据矩阵 X 越过系统边界，系统运行出现异常。

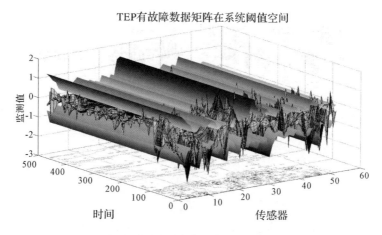

图 2-17　田纳西仿真系统上、下阈值面与有故障数据

如图 2-17 所示是田纳西仿真系统故障模式 3 在系统欧氏空间中的分布。当故障发生时，出现异常的部位的监测数据超出正常阈值范围，与之相对应的数据矩阵 X 在系统欧氏空间中就显示超出系统边界。

3. 企业级系统故障图谱构造规则

所谓的系统状态异常或者系统故障，都是指系统的运行状态偏离了正常范围，数据矩阵 X 中的元素超出了系统阈值空间 H_{th}，亦即越过系统边界 B。

定义 2.10　系统异常模式矩阵 X_f：当系统正常运行时，数据矩阵系统 X 采样点 x_{ij} 在系统阈值空间中，即 $x_{ij} \in H_{th}$；系统运行出现异常，系统数据矩阵 X 采样点 x_{ij} 中越过系统边界 B，即 $x_{ij} \notin H_{th}$。定义系统异常模式矩阵为

$$X_f = \left\{ x_{ij} \mid x_{ij} = \begin{cases} 0, \text{if } x_{ij} \in H_{th} \\ 1, \text{if } x_{ij} \notin H_{th} \end{cases}, \ i=1,2,\cdots,m, j=1,2,\cdots,n \right\} \qquad (2-11)$$

当系统正常运行时，数据矩阵 X 采样值 x_{ij} 在系统阈值空间中，即 $x_{ij} \in H_{th}$；系统运行出现异常时，系统数据矩阵 X 采样值 x_{ij} 中越出系统边界 B，亦即 $x_{ij} \notin H_{th}$。

当系统运行时，规定异常的监测数据 $x_{ij}=1$，正常的监测数据 $x_{ij}=0$。系统异常模式矩阵 X_f 中将系统故障点和系统正常数据点以 0，1 值区别。据此定义数据着色规则，得到系统故障图谱。

定义 2.11　系统故障图谱 P：将系统异常模式矩阵 X_f 中的故障点染色，$x_{ij}=1$ 的元素为黑色，$x_{ij}=0$ 的元素为白色，在二维平面中即可得黑白图像，称为系统故障图谱 P，即

$$P = \left\{ \text{Pixel\_color}_{ij} \mid \text{Pixel\_color}_{ij} = \begin{cases} \text{white, if } x_{ij}=0 \\ \text{blace, if } x_{ij}=1 \end{cases}, x_{ij} \in X_f, i=1,2,\cdots,m \quad j=1,2,\cdots,n \right\}$$

$$(2-12)$$

当系统运行时，规定异常的监测数据 $x_{ij}=1$，正常的监测数据 $x_{ij}=0$。系统异常模式矩阵 X_f 中将系统故障点和系统正常数据点以 0，1 值区别。可以据此定义数据着色规则，得到系统故障图谱。通过分析系统故障图谱 P 上黑色斑块的面积，分布规律等，我们可以直观的判断系统的运行状态以及故障模式，实现故障模式的快速比对和判断。构造田纳西仿真系统的故障模式 2 的系统故障图谱如图 2-18 所示。

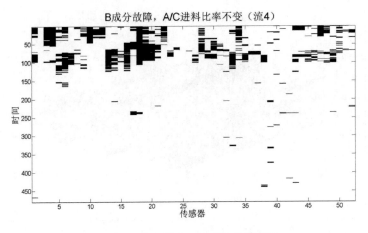

图 2-18　故障模式 2 的系统故障图谱

从图 2-18 中可以很明显地看出异常的监测点的位置和时序，从而可以直观地判断出故障发生的位置以及相应的处理设备，从而可以快速、准确地判定系统运行的状态。

2.5　本章小结

本章将数据可视化技术引入数据驱动分布式复杂机电系统状态分析和故障诊断领域，将其对应的监测数据集构造为系统图谱，用数字图像将系统中的异常监测点直观地反映出来，有利于快速发现系统的异变过程。

首先，利用 DCS 数据集的高度关联耦合数据特征与数字图像中像素间的高度相似性，制定数据着色规则，将数据映射到由二维欧氏平面空间和三维色彩空间联合构成乘积空间，构造系统彩色图谱。系统彩色图谱利用数字图像像素所特有的高度的关联性和耦合性将系统多变量之间的非线性、高耦合性关系通过图像直观地反映出来，利用数据所构成的彩色图谱直观、形象地表示系统动态特性，从而展示了企业层面系统的运行健康状态。

同时，引入系统空间的概念，根据系统监测点本身固有的正常运行状态阈值范围构造系统正常运行时的上、下阈值面，并进一步生成系统空间。将数据矩阵 X 放入系统空间，并根据数据矩阵 X 中的元素值是否属于系统空间来对其分类，从而得到系统异常模式函数 X_f，并构造了系统故障图谱。系统故障图能够快速、准确、高效地显示分布式复杂机电系统故障点分布特性，是故障模式识别和系统健康状态评级的基础。

综上所述，本章基于数据可视化技术，提出了一种根据系统监测数据集构造系统图谱的方法，作为分析系统状态和故障诊断的基础，避免了传统的多变量统计方法中的数据降维和非线性分析，将高维数据空间用二维平面图像显示出来，为之后的系统状态分析和故障诊断奠定了基础。

第 3 章　消除时间海量性对系统健康运行状态分析的影响

一个流程工业系统的 DCS 包含有 n 个传感器,采样时间为 Δt。假定 $\Delta t=1\mathrm{s}, n=2\,000$,则 DCS 数据集一天就可以积累 172.8M 的数据。因此,首先需要对 DCS 监测数据集在时间轴上进行分割,以便于之后的研究。

一般而言,通过分析 DCS 监测数据集各个监测变量的周期性,可以得到系统在统计学意义上的平均生产周期 T。根据流程工业的生产周期 T,将 DCS 监测数据集以 nT 为单元进行分割。

假定流程工业系统积累的 DCS 数据集的总时间长度为 Lh。显然 Lh 包含了多个系统的运行周期 T。假定 $Lh=\kappa T, \kappa\in N$,DCS 数据集记录了 κ 个系统的生产周期。那么系统的第 k 个生产周期($0\leqslant k\leqslant\kappa-1, k\in N$)可以用时间区间 $[kT,(k+1)T]$ 表示。整个 DCS 数据集按照系统生产周期的时间区间划分为 $[0,T], [T,2T], \cdots, [(\kappa-1)T, \kappa T]$,如式(3-1)所示。因此,为了实现 DCS 监测数据集的分割,需要提取系统运行的周期 T。本章以 TEP 系统为例,分析生产系统中的各个监测变量时间序列的周期,统计它们的最小公倍数作为系统在统计学意义上的生产周期 T。

$$
\left.
\begin{array}{l}
0 \sim T \left\{
\begin{array}{cccc}
x_1^1 & x_1^2 & \cdots & x_1^n \\
x_2^1 & x_2^2 & \cdots & x_2^n \\
\vdots & \vdots & & \vdots \\
x_T^1 & x_T^2 & \cdots & x_T^n
\end{array}
\right. \\[2em]
T \sim 2T \left\{
\begin{array}{cccc}
x_{T+1}^1 & x_{T+1}^2 & \cdots & x_{T+1}^n \\
x_{T+2}^1 & x_{T+2}^2 & \cdots & x_{T+2}^n \\
\vdots & \vdots & & \vdots \\
x_{2T}^1 & x_{2T}^2 & \cdots & x_{2T}^n
\end{array}
\right. \\[2em]
\cdots\cdots \\[1em]
(\kappa-1)T \sim \kappa T \left\{
\begin{array}{cccc}
x_{(\kappa-1)T+1}^1 & x_{(\kappa-1)T+1}^2 & \cdots & x_{(\kappa-1)T+1}^n \\
x_{(\kappa-1)T+2}^1 & x_{(\kappa1-)T+2}^2 & \cdots & x_{(\kappa-1)T+2}^n \\
\vdots & \vdots & & \vdots \\
x_{\kappa T}^1 & x_{\kappa T}^2 & \cdots & x_{\kappa T}^n
\end{array}
\right. \\[2em]
\cdots\cdots \\[1em]
(k-1)T \sim kT \left\{
\begin{array}{cccc}
x_{(k-1)T+1}^1 & x_{(k-1)T+1}^2 & \cdots & x_{(k-1)T+1}^n \\
x_{(k-1)T+2}^1 & x_{(k-1)T+2}^2 & \cdots & x_{(k-1)T+2}^n \\
\vdots & \vdots & & \vdots \\
x_{kT}^1 & x_{kT}^2 & \cdots & x_{kT}^n
\end{array}
\right.
\end{array}
\right\}
\qquad (3-1)
$$

第 k 个生产周期的 DCS 数据集可以表示为

$$U_k = \{ x_i^j \mid kT \leqslant i \leqslant (k+1)T, 1 \leqslant j \leqslant n, i,j \in N \} \tag{3-2}$$

3.1　离散序列的相关性[79]

任意两个时间序列 $X[n]$ 与 $Y[n]$，其期望为

$$E(X) = \sum_{i=1}^{n} X[i]$$
$$E(Y) = \sum_{i=1}^{n} Y[i] \tag{3-3}$$

方差为

$$\left. \begin{array}{l} D(X) = E\{ [X - E(X)]^2 \} \\ D(Y) = E\{ [Y - E(Y)]^2 \} \end{array} \right\} \tag{3-4}$$

时间序列 $X[n]$ 与 $Y[n]$ 之间的相关性由下式定义的相关系数 ρ_{XY} 来定量描述：

$$\rho_{XY} = \frac{E\{ (X - E(X))(Y - E(Y)) \}}{\sqrt{D(X)} \sqrt{D(Y)}} \tag{3-5}$$

相关系数 $0 \leqslant |\rho_{XY}| \leqslant 1$，反应了 $X[n]$ 与 $Y[n]$ 之间的相关性。一般来说，相关系数 $|\rho_{XY}| \leqslant 0.09$ 时认为 $X[n]$ 与 $Y[n]$ 没有相关性，$0.09 < |\rho_{XY}| \leqslant 0.3$ 为弱相关，$0.3 < |\rho_{XY}| \leqslant 0.5$ 为中等相关，$0.5 < |\rho_{XY}| \leqslant 1$ 为强相关。特别是当相关系数 $|\rho_{XY}| = 1$ 时，完全相关，这时 $X[n]$ 与 $Y[n]$ 间有确定的比例系数 k。

若相关系数 $0 < \rho_{XY} \leqslant 1$，则 $X[n]$ 与 $Y[n]$ 之间正相关。正相关（Positive Correlation）是指两个变量的变动趋势相同，其数据曲线的斜率大于零，如图 3-1 所示。

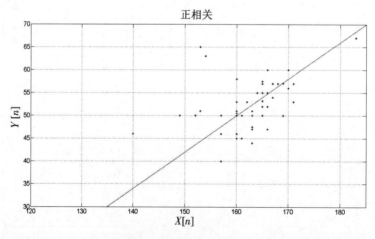

图 3-1　两变量正相关

在正相关的情况下，一个变量会随着另一个变量的变化而发生相同趋势的变化（同时变大或变小）。正相关只是一种概念上的，并且是基于大量的统计数据所展现出来的两个指标间的一种相互关系。两个变量之间并没有确定的数量关系，即比例系数 $k > 0$，但是没有确定

值。相关系数 ρ_{XY} 越接近 1，$X[n]$ 与 $Y[n]$ 的正相关性越显著。特殊地，当相关系数 $\rho_{XY}=1$ 时，$X[n]$ 与 $Y[n]$ 完全正相关。

若相关系数 $-1<\rho_{XY}\leqslant 0$，则 $X[n]$ 与 $Y[n]$ 之间负相关。负相关（Negative Correlation）是指两个变量的变动趋势相反，其数据曲线的斜率小于零，如图 3-2 所示。

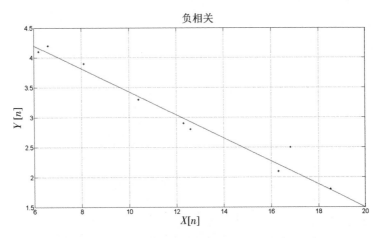

图 3-2　两变量负相关

在负相关的情况下，一个变量会随着另一个变量的变化而发生相反趋势的变化。负相关只是一种概念上的，并且是基于大量的统计数据所展现出来的两个指标间的一种相互关系。两个变量之间并没有确定的数量关系，即比例系数 $k<0$，但是没有确定值。相关系数 ρ_{XY} 越接近 -1，$X[n]$ 与 $Y[n]$ 的负相关性越显著。特殊地，当相关系数 $\rho_{XY}=-1$ 时，$X[n]$ 与 $Y[n]$ 完全负相关。

若相关系数 $\rho_{XY}=0$，则 $X[n]$ 与 $Y[n]$ 不相关。不相关是指两个变量的变动趋势没有关联关系，数据点均匀分布在整个平面上，无法进行曲线拟合。当 $X[n]$ 与 $Y[n]$ 不相关时，一个变量的变化趋势与另一个变量的变化趋势之间没有任何关系。利用程序自动生成两列长度为 50 的平稳随机信号，如图 3-3 所示。由式（3-5）计算两列随机信号可以得到相关系数 $\rho_{XY}=0.025\ 8<0.09$，可以认为两随机信号没有相关性。

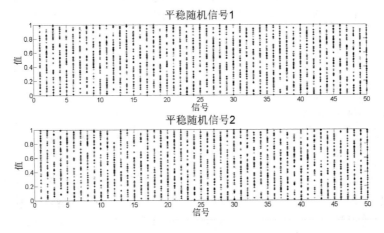

图 3-3　两列平稳随机信号

图 3-4 是根据两随机序列画出的散点图，x 轴是随机信号 1，y 轴是随机信号 2。

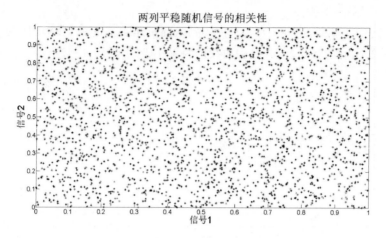

图 3-4 两个平稳随机序列的相关性

如图 3-4 所示，数据点均匀分布在整个平面上，不存在拟合曲线，说明两列平稳随机序列间没有关联关系，各自独立变化。信号 1 的变化趋势对信号 2 没有任何影响，反之亦然。

3.2 单变量时间序列 $X[n]$ 的自相关性

自相关函数（autocorrelation function）又称为序列相关函数（series correlation），用来描述信号与自身的相关性，是时序分析的基本判断工具。利用自相关函数，可以快速判断时间序列自身的周期性。

自相关是计算两个离散序列相关性的特例。当 $Y[n]=X[n]$，且 $X[n]$ 为时间序列，两个离散序列 $Y[n]$ 和 $X[n]$ 的互相关系数 ρ_{XY} 变成

$$\rho_{XX} = \frac{E\{(X-E(X))^2\}}{D(X)} \tag{3-6}$$

下式是三个周期的正弦函数离散时间序列：

$$Y[n] = \sin X[n], \quad n \in [0, 6\pi] \tag{3-7}$$

计算单变量时间序列 $X[n]$ 自相关系数的基本算法可以用下式来概括：

$$\hat{\rho}_{XX}(k) = \frac{\dfrac{1}{n-k}\sum_{i=1}^{n-k}(x_i-\mu)(x_{i+k}-\mu)}{\dfrac{1}{n}\sum_{i=1}^{n}(x_i-\mu)^2} \tag{3-8}$$

算法的基本思想如图 3-5 所示[80]。

由单变量时间序列 $X[n]$ 的两个副本开始，将 $X[n]$ 所有的值减去总体平均值，然后将两个副本对齐。将对应时间步长上的值相乘，然后将所有时间步长上的计算结果相加，得出的结果就是 $k=0$ 时的未标准化自相关系数 $\rho_{XX}[0]$；接下来，将两个副本相对移动一个时间步长，再次相乘并求和，得到 $k=1$ 时的未标准化自相关系数 $\rho_{XX}[1]$；重复上述过程直至两个副本完全不重合，得到整个时间序列 $X[n]$ 的未标准化自相关系数 $\rho_{XX}[n]$。最后，对 $X[n]$ 的未标准化自相关系数 $\rho_{XX}[n]$ 做标准化处理，即

$$\hat{\rho}_{xx}[k] = \frac{\rho_{xx}[k]}{\rho_{xx}[1]}, \quad k = 2, 3, \cdots, n \tag{3-9}$$

计算单变量时间序列的自相关系数

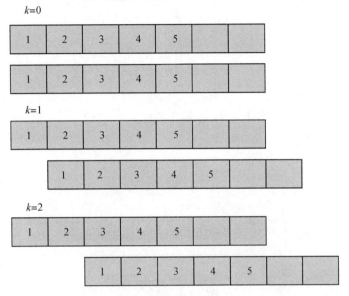

图 3-5　单变量时间序列自相关系数算法的基本思想

如图 3-5 所示,初始时时间序列 $X[n]$ 的两个副本完全对齐,其相关系数为 1。当两个副本相对移动时,它们逐渐脱离了原来的相位,自相关系数也会随之减小。根据自相关系数 ρ_{xx} 下降的速度可以得知数据中还剩多少"记忆"。若相关系数快速减小,则时间序列不具有周期性,若干步长 k 后所有的记忆被丢失;若相关系数减小缓慢,则说明时间序列具有一定的稳定性;若相关系数先降低后上升并形成第二个(可能还会有第三个、第四个……)高峰,则表明两个信号再次对齐,亦即数据集存在周期性,周期为两个高峰之间的步长。

3.3　计算单变量时间序列的周期

算法 3-1　计算单变量时间序列 $X[n]$ 的自相关系数。

输入:单变量时间序列 $X[n]$;

输出:$X[n]$ 的自相关系数 $c(n)$。

第一步　计算长为 N 的时间序列 $X[n]$ 的平均值 μ,即

$$\mu = \frac{1}{N} \sum_{i=1}^{N} x_i \tag{3-10}$$

第二步　定义步长 $k=1$;

第三步　将时间序列 $X[n], n=1, 2, \cdots, N$ 分解分为两个子序列:

$$X[i], i=1, 2, \cdots, N-k \tag{3-11}$$

和

$$X[i+k], i=1, 2, \cdots, N-k \tag{3-12}$$

第四步　根据下式计算两个子时间序列 $X[i]$ 和 $X[i+k]$ 的相关性：

$$c(k) = \frac{\dfrac{1}{N-k}\sum\limits_{i=1}^{N-k}(x_i - \mu)(x_{i+k} - \mu)}{\dfrac{1}{N}\sum\limits_{i=1}^{N}(x_i - \mu)^2} \qquad (3-13)$$

第五步　步长自增，即

$$k = k+1$$

第六步　判断步长 k：

若 $k \leqslant N$，则返回第三步；若 $k > N$，则程序结束。

算法 3-1 的流程图如图 3-6 所示。

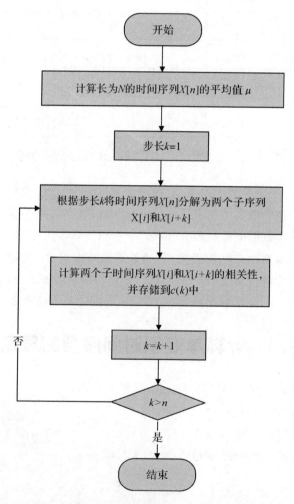

图 3-6　计算单变量时间序列自相关系数的流程图

图 3-7 为含有三个周期的正弦函数时间序列 $Y[n]$ 的散点图，X 轴为时间，单位为 π，Y 轴为时间序列的值。

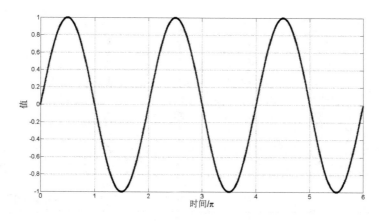

图 3-7 正弦函数时间序列

根据算法 3-1,如图 3-7 所示的正弦时间序列 $Y[n]$ 的自相关系数 ρ_{xx},得到图 3-8。

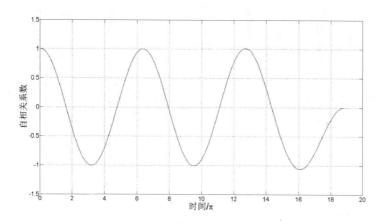

图 3-8 正弦函数的自相关性

如图 3-8 所示,正弦函数时间序列的自相关系数 ρ_{xx} 随着如图 3-5 所示的移动逐渐减小,在 0.5π 处减小至 0,说明在 $Y[n]$ 与 $Y[n+0.5\pi]$ 完全不相关;继续延迟时间,自相关系数 ρ_{xx} 反向增大,在 π 处达到最大 $\rho_{xx}=-1$,这时,时间序列 $Y[n]$ 与 $Y[n+\pi]$ 完全负相关;之后,自相关系数 ρ_{xx} 随着时间的延迟不断增大,在 2π 达到最大值 $\rho_{xx}=1$。同样过程每过 2π 个时间周期会重复一次。如图 3-8 所示的正弦函数时间序列 $Y[n]$ 的自相关系数 ρ_{xx} 的变化规律说明 $Y[n]$ 是以 2π 为周期的周期时间序列。这一判断与正弦函数的周期性吻合。

3.4 系统的运行周期

DCS 监测数据集中包含着数以千计的监测变量,是一个多变量时间序列集。尽管 DCS 监测数据集具有混沌特性,其部分监测变量在短程仍然具有统计学意义上的平均周期。提取 DCS 监测数据集具有统计学意义上的周期性的变量,找出这些变量的共同的周期规律,可以得到 DCS 监测数据集整体的统计学周期。以 TEP 的监测数据集为例,根据算法 3-1 计算所有监测变量的自相关系数如图 3-9 所示。

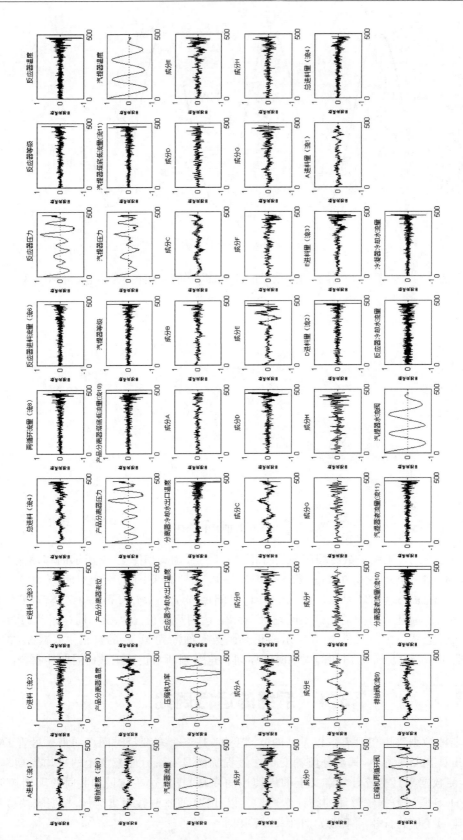

图3-9 TEP无故障数据包含52个变量的自相关性

由图 3 - 9 可以看出,TEP 无故障数据包中的大多数监测变量的自相关系数 ρ_{xx} 都在 0 附近振动,不显周期性。只有个别的几个监测变量如反应器压力、汽提塔流量、压缩机功率等表现出了明显的周期性。我们只要提取出具有周期性的监测变量,进行分析即可得到系统的周期性。

从相关系数中提取具有周期性的监测变量的算法流程如图 3 - 10 所示。图 3 - 10 的基本思想是利用相关系数 $0.5 < |\rho_{XY}| \leqslant 1$ 为强相关这一概念。我们认为当一个监测变量的自相关系数数组中具有 3 个以上自相关系数 $0.8 < |\rho_{xx}|$ 的点,则说明该时间序列具有时间相关性,亦即该变量具有周期性。从自相关系数中提取具有周期性监测变量的具体算法为算法 3 - 2。

算法 3 - 2　从自相关系数中提取具有周期性监测变量。

输入:

DCS 监测数据集的二维自相关系数矩阵 $\boldsymbol{A}$[sample_num, sensor_num],其中 sample_num 代表监测数据集中监测时间序列的长度,sensor_num 代表监测数据集包含的监测变量的个数。

输出:

周期数组 $T(k)$,用于存储具有周期性的监测变量的编号。

初始化设定:

$i = 0, j = 1, k = 0, n = 0$

其中,$1 \leqslant i \leqslant$ sample_num 代表特定的监测时间序列的位置,$1 \leqslant j \leqslant$ sensor_num 代表监测变量编号,k 代表具有周期性的监测变量的数目,n 在程序中用于统计 $0.5 < |\rho_{xx}|$ 出现的次数。

具体步骤:

第一步:初始化。

(1) $i = 0, j = 1, k = 0, n = 0$;

(2) 读入 DCS 监测数据集的二维自相关系数矩阵 $\boldsymbol{A}$[sample_num, sensor_num]。

第二步:提取 DCS 监控数据集的第 j 个监测变量的自相关系数数组 $\boldsymbol{A}[i, j]$。

第三步:判断是否已经遍历第 j 个监测变量的所有数据,判断依据 $i \leqslant$ sample_num;若尚未遍历第 j 个监测变量的自关系数数组的所有数据,即 $i \leqslant$ sample_num,则执行第四步;若已经遍历第 j 个监测变量的自关系数数组的所有数据,即 $i >$ sample_num,则执行第八步。

第四步:提取 DCS 监控数据集的第 j 个监测变量的自相关系数 $\rho_{xx} = |\boldsymbol{A}[i, j]|$。

第五步:根据 ρ_{xx} 是否大于 0.8 判断该点是否具有强相关性;若 $\rho_{xx} \leqslant 0.8$,则该点不具有强相关性,$i = i + 1$,跳转至第三步检验该变量的下一个自相关系数 ρ_{xx};若 $\rho_{xx} > 0.8$,则该点具有强相关性,记录强相关性出现一次 $n = n + 1$,执行第六步。

第六步:根据强相关性点出现的次数 n 是否大于 2 判断第 j 个监测变量是否具有周期性;若 $n > 2$,则说明第 j 个监测变量具有周期性,执行第七步;若 $n \leqslant 2$,则说明第 j 个监测变量不具有周期性,$i = i + 1$,跳转至第三步检验该变量的下一个自相关系数 ρ_{xx}。

第七步:具有周期性的监测变量数自增 $k = k + 1$,在周期数组 $T(k)$ 中存储 j,有 $T(k) = j$。

第八步:根据监测变量的标号 j 是否小于 sensor_num 判断是否已经遍历所有的监测变量。

若 $j \leqslant$ sensor_num,则说明还未遍历所有的监测变量,$j = j + 1$,跳转至第二步检验下一个监测变量是否具有相关性;

若 $j >$ sensor_num,则说明已经遍历了所有的监测变量,程序结束。

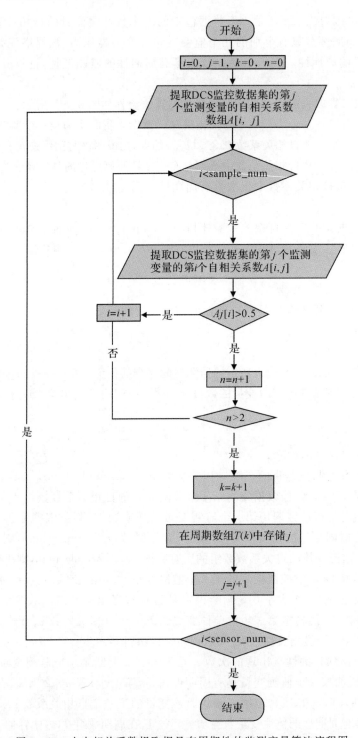

图 3-10 由自相关系数提取据具有周期性的监测变量算法流程图

根据算法 3-2 可以得到 TEP 无故障数据集中具有周期性的监测变量共 46 个，如图 3-11所示。

监测变量的自相关系数如图 3-12 所示。

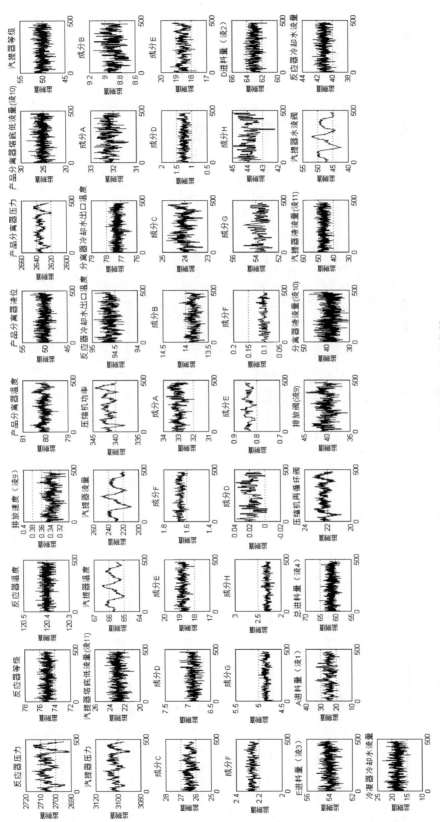

图3-11　TEP中有周期性的监测变量

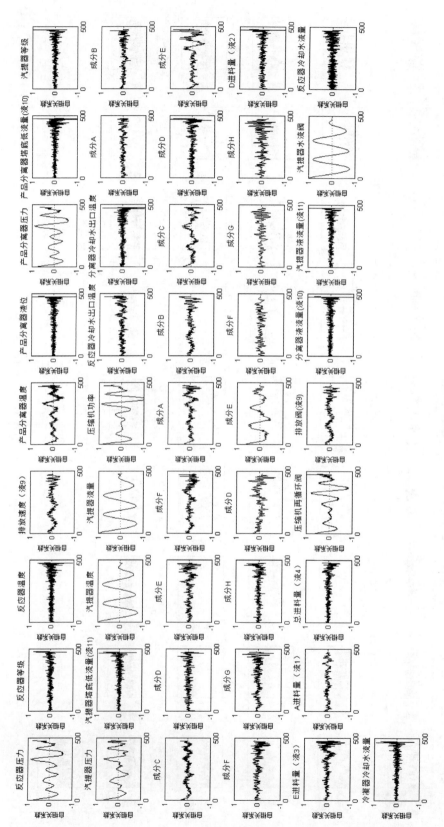

图3-12 计算临测变量周期的流程图

图 3-13 是计算监测变量的周期算法的流程图。

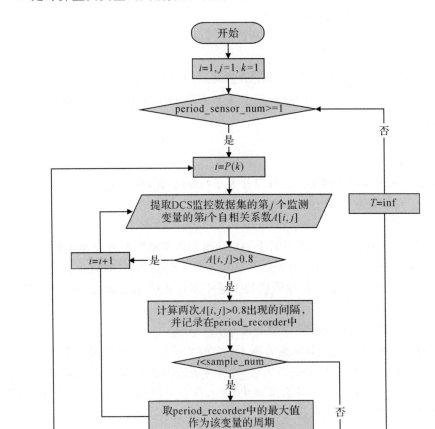

图 3-13　计算监测变量周期的流程图

提取监测变量周期算法的基本思想是：记录具有周期性的监测变量的自相关系数 $\rho_{xx} > 0.8$ 出现的位置，作为判断变量周期的依据。自相关系数 $\rho_{xx} > 0.8$ 的相邻的两个数据点之间具有强相关性，通过计算这两个数据点的时间间隔，即可以判断出该变量的变化周期。

算法 3-3　提取监测变量周期。

输入：

1）DCS 监测数据集的二维自相关系数矩阵 A[sample_num, sensor_num]，其中 sample_num 代表监测数据集中监测时间序列的长度，sensor_num 代表监测数据集包含的监测变量的个数；

2）周期数组 P(period_sensor_num)，存储具有周期性的监测变量的编号，period_sensor_num 代表具有周期性的监测变量的个数。

输出：

系统各个变量的周期信息 T_array。

初始化设定：

$i=1, j=1, k=1$

其中，$1 \leqslant i \leqslant$ sample_num 代表特定的监测时间序列的位置，$1 \leqslant j \leqslant$ sensor_num 代表监测变量编号，$1 \leqslant k \leqslant$ period_sensor_num 代表具有周期性的监测变量的数目。

具体步骤：

第一步：初始化。

(1) $i=1, j=1, k=1$；

(2) 读入 DCS 监测数据集的二维自相关系数矩阵 $\boldsymbol{A}$[sample_num, sensor_num]；

(3) 读入周期数组 T(period_sensor_num)。

第二步：输入保护。

根据 period_sensor_num 是否大于 1 判断监测数据集中是否包含周期变量；

若 period_sensor_num $\geqslant 1$，则说明数据集中包含周期变量，则只执行第二步；

若 period_sensor_num < 1，则说明数据集中不包含周期变量，设置系统周期 $T=\inf$，程序结束。

第三步：提取周期数组 P 中的监测变量标号 j。

第四步：提取 DCS 监控数据集的第 j 个监测变量的第 i 个自相关系数 $A[i, j]$。

第五步：根据自相关系数是否大于 0.8 判断监测变量 j 的时间序列的自相关性；若 $A[i, j] > 0.8$，则表明时间序列具有强自相关性，保存 i，并执行六步；若 $A[i, j] \leqslant 0.8$，则表明时间序列不具有强自相关性，$i=i+1$，并跳转至第四步。

第六步：计算两次 $A[i, j] > 0.8$ 出现时 i 的差值，计算时间序列相邻两次强相关性出现的时间间隔，并记录在 period_recorder 中。

第七步：判断是否已经遍历 DCS 监测数据集的二维自相关系数矩阵 $\boldsymbol{A}$ 中的所有数据，判断依据是 $i \leqslant$ sample_num。

若尚未遍历自相关系数矩阵 $\boldsymbol{A}$ 中的所有数据，即 $i \leqslant$ sample_num，则执行第八步。

若已经遍历周期数组 P 中的所有数据，即 $i >$ sample_num，则计算下一个周期数组 P 中的变量，即 $k=k+1, i=1$，执行第九步。

第八步：取 period_recorder 中的最大值作为该变量的周期。

第九步：判断是否已经遍历周期数组 T 中的所有数据，判断依据是 $k \leqslant$ period_sensor_num。

若尚未遍历周期数组 P 中的所有数据，即 $k \leqslant$ period_sensor_num，则 $k=k+1, i=1$，执行第二步；

若已经遍历周期数组 P 中的所有数据，即 $k >$ period_sensor_num，则程序终止。

综上所述，分析 DCS 监测数据集的统计学意义上的周期性的算法为算法 3-4。

算法 3-4 计算系统周期。

输入：DCS 监测数据集。

输出：系统的统计周期 T。

第一步：根据经验，将远远大于系统运行周期的 DCS 多变量监测时间序列数据集 X 导入内存。

第二步：设定监测变量标号为 $j=1$，有周期性地监测变量个数为 $k=0$。

第三步：提取监测数据集 X 中的第 j 个时间序列 $x_j[n]$。

第四步：根据计算单变量时间序列周期的算法计算时间序列 $x_j[n]$ 的周期 T_j。

第五步：判断时间序列 $x_j[n]$ 的周期 T_j 是否存在。若周期 T_j 是否存在，是则转入第六步，否则跳转到第八步。

第六步：$k=k+1$。

第七步：在数组 $T(k)$ 中记录时间序列 $x_j[n]$ 的周期 T_j。

第八步：判断 j 是否大于 N，若 $j>N$，说明已经遍历了监测数据集中的所有变量，执行第九步，否则，j 自增后 $(j=j+1)$ 跳转到第三步。

第九步：计算数组 $T(k)$ 中数据的最小公倍数，即为系统运行周期 T，程序结束。

具体的算法流程如图 3-14 所示。

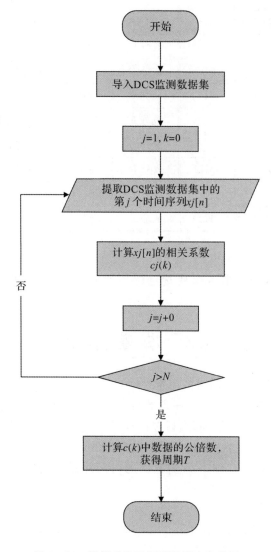

图 3-14　计算系统运行周期算法流程图

表 3-1 是根据算法 3-3 计算出的 TEP 具有周期性的各个监测变量各自的周期。

表 3-1　TEP 各个监测变量的周期

监测变量名	周期	监测变量名	周期	监测变量名	周期
反应器压力	318	成分 A	312	成分 F	312
反应器等级	318	成分 B	312	成分 G	312
反应器温度	318	成分 C	312	成分 H	444
排放速度(流 9)	318	成分 D	312	D 进料量(流 2)	444
产品分离器温度	318	成分 E	312	E 进料量(流 3)	444
产品分离器液位	318	成分 F	312	A 进料量(流 1)	444
产品分离器压力	316	成分 A	312	总进料量(流 4)	444
产品分离器塔底低流量(流 10)	316	成分 B	312	压缩机再循环阀	146
汽提器等级	316	成分 C	312	排放阀(流 9)	146
提器压力	316	成分 D	312	分离器液流量(流 10)	146
汽提器塔底低流量(流 11)	316	成分 E	312	汽提器液流量(流 11)	146
汽提器温度	132	成分 F	312	汽提器水流阀	129
汽提器流量	132	成分 G	312	反应器冷却水流量	129
压缩机功率	312	成分 H	312	冷凝器冷却水流量	129
反应器冷却水出口温度	312	成分 D	312		
分离器冷却水出口温度	312	成分 E	312		

表 3-1 中其汽提器所示的 TEP 的 46 个周期性监测变量的运行周期大致分布在 150，300 和 450 这三个数据附近，取各个变量运行周期的公倍数，即可得到 TEP 的运行周期为 450。

3.5　本 章 小 结

本章针对 DCS 监测数据集的时间海量性问题，提出了一种基于系统运行周期分割 DCS 监测数据集的方法。利用单变量时间序列的自相关性与周期性之间的关联关系，首先计算 DCS 监测数据集中所有变量的周期，然后选择具有周期性的监测变量，提取这些监测变量的共同周期，作为整个系统的运行周期。最后，以系统的运行周期为基本单位，在时间域分割 DCS 监测数据集，从而解决了 DCS 监测数据的时间海量性的问题，为后续的研究奠定了基础。

第 4 章　分布式复杂机电系统监测数据集的数据预处理方法研究

　　直接使用 DCS 监测数据集生成的系统图谱进行系统状态分析取得的效果并不理想。究其原因,DCS 监测数据集本身具有多源性,并且包含大量噪声,导致数据集本身的信息质量难以保证,影响了其所生成的系统图谱。信息质量低劣的 DCS 监测数据集生成的系统图谱色彩差异不仅仅由系统状态变化造成,还有可能是噪声或数据多源性导致的。分析这种系统图谱极易造成误判,因此,必须先对数据进行预处理,提高 DCS 监测数据集的信息质量,其生成的系统彩色图谱才能获得比较好的分析结果。

4.1　数据归一化

　　DCS 监测数据集直接生成的系统图谱由一条条界限分明的色彩条纹组成,不同的监测数据间的色彩差异极大。以 TEP 监测数据集的无故障数据包为例,如果进行边缘提取,会出现如图 4-1 所示蓝底红线的轮廓线。

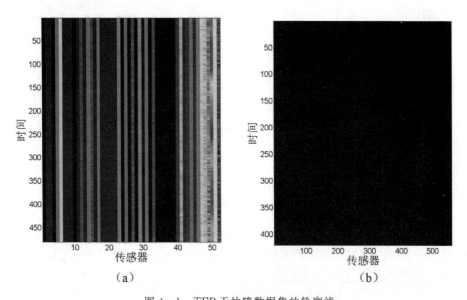

图 4-1　TEP 无故障数据集的轮廓线

(a)TEP 无故障数据集彩色图谱;(b)彩色图谱轮廓

　　图 4-1 中的轮廓线是由于不同的监测数据间的颜色差异造成的,不反应任何故障信息。为了更清楚地显示图 4-1(b)中轮廓线的形状,我们将图 4-1(b)中的蓝色变为白色,红色变为黑色,重新构造轮廓线,如图 4-2 所示。

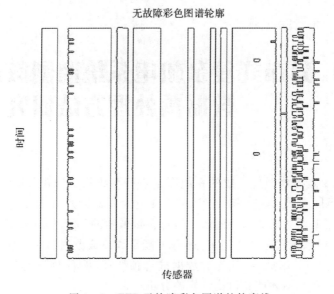

图 4-2   TEP 无故障彩色图谱的轮廓线

　　如图 4-2 所示的轮廓线是所有 TEP 系统彩色图谱的共性。提取 TEP 的无故障数据包和 21 个有故障数据包构造的系统彩色图谱如图 4-3 所示。

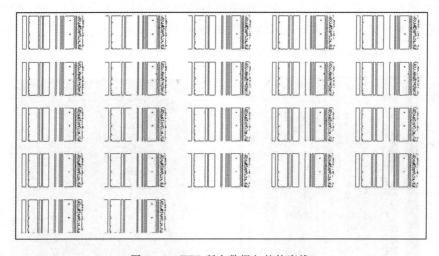

图 4-3   TEP 所有数据包的轮廓线

　　无论是否存在故障,图 4-3 中 TEP 监测数据集的无故障数据包和 21 个有故障数据包的轮廓线基本一致,属于数据的多源性问题,并不是故障特征。对于人眼来说,这些轮廓线不会影响对于系统状态的判断。但是,如果用计算机来提取特征的话,图 4-3 中的轮廓线则会被当作故障的特征信息提取出来,对于系统分析造成干扰。因此,为了获得更准确的系统分析结果,必须消除监测数据集中多源性的影响。

4.1.1   DCS 监测数据集的多源性

　　DCS 监测数据集的多源性导致观测值细节信息丢失。图 4-4 是 TEP 数据集中所有数据包(包括无故障数据包和 21 个典型故障模式的数据包)。从图 4-4 可以看出,由于数据的多源性,TEP 数据集中所有数据包在三维空间中的图形几乎没有差异。TEP 的数据包在三维空间中如图 4 - 4 所示,几乎无差异的原因正是由于数据的多源性。

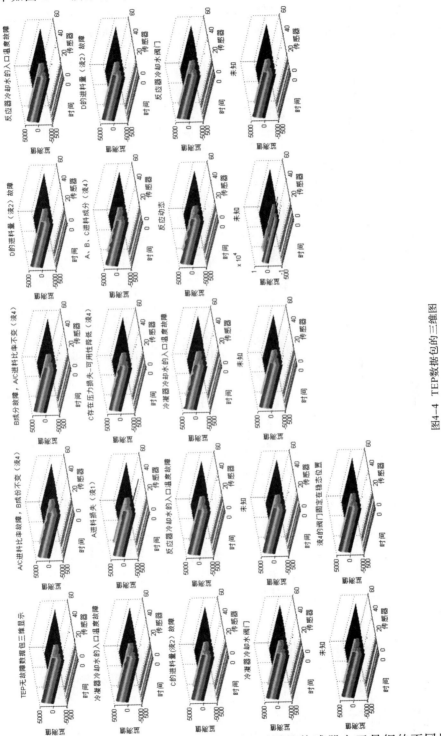

图4-4　TEP数据包的三维图

TEP 的监测数据集中包含的传感器类型众多,不同的传感器由于量纲的不同导致监测值基准的差异。当所有监测变量的时序在同一幅图中显示时,变化信息的细节被湮没,如图

4-5所示。而这些被湮没的监测值变化信息恰恰蕴含了相应生产要素的运行状态信息，是分析系统健康运行状态的重要依据。为了在系统层面上分析各个变量的时间序列，必须消除多源性对数据分析的影响，即消除数据因绝对值造成的差异，使不同来源的观测数据具有可比性，从而统一处理系统监测数据集，达到有效分析系统运行状态的目的。

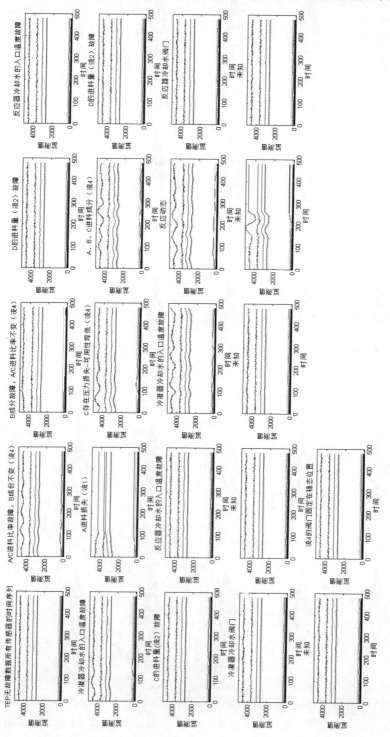

图4-5　TEP数据包的时序图

4.1.2　数据归一化理论

数据归一化(或称归一化)针对数据对于度量单位的依赖性问题,定义某种规则对数据进行变换,使之落入较小的共同区间,如$[-1,1]$或$[0.0,1.0]$,从而保留的数据的变化信息,消除了度量单位对数据分析结果的影响[81]。本章应用数据归一化的理论来消除 DCS 监测数据集的多源性。

常用的数据归一化方法有三种:最大-最小归一化,z 分数归一化和按小定数归一化。

最大-最小归一化:

$$f:v_i \rightarrow v'_i, \quad v'_i \in [\text{new\_min}_A, \text{new\_max}_A] \tag{4-1}$$

最大-最小归一化对原始数据集进行线性变换。假设min_A和max_A分别为原始数据属性 A 的最小值和最大值,最大-最小规范通过下式把属性 A 的值v_i映射到区间$[\text{new\_min}_A \quad \text{new\_max}_A]$中的$v'_i$:

$$f(v_i) = \frac{v_i - \text{min}_A}{\text{max}_A - \text{min}_A}(\text{new\_max}_A - \text{new\_min}_A) + \text{new\_min}_A \tag{4-2}$$

最大-最小归一化保持了原始数据值之间的联系。如果今后的输入实例落在 A 的原始数据值域之外,则该方法将面临"越界"的错误。

z 分数归一化(零均值归一化):

$$f:v_i \rightarrow v'_i, \quad v'_i \in [-n \times \sigma_A, n \times \sigma_A]$$

z 分数归一化中,原始数据属性 A 的均值为μ_A,标准差为σ_A,原始数据属性 A 通过下式将属性 A 的值v_i映射以 0 为中心的区间中v'_i:

$$f(v_i) = \frac{v_i - \mu_A}{\sigma_A} \tag{4-3}$$

当属性 A 的实际最大最小值未知,或离群点与左右了最大-最小规范时,该方法有用。

小数定标归一化通过移动属性 A 的小数点的值的位置进行归一化。小数点的移动位数依赖于 A 的绝对最大值。小数定标归一化$f:v_i \rightarrow v'_i$的映射规则为

$$f(v_i) = \frac{v_i}{10^j}, \quad j = \min[\max(|v'_i|) < 1] \tag{4-4}$$

式中,j 是使得$\max(|v'_i|) < 1$的最小的整数。

由于 DCS 监测数据集的积累新上传的数据,无法预知最大值和最小值,因此最大-最小归一化不适用。而监测变量的海量性,使得小数定标归一化中寻找合适的 j 值成为了一个极为复杂而庞大的工作,因此小数定标归一化也不合适。因此,本研究选用 z 分数归一化作为 DCS 监测数据集归一化的工具。

4.1.3　监测集的数据归一化

数据矩阵 $\boldsymbol{X}$ 的每一列代表监测数据集的一个单变量的时间序列,也是系统的一个数据来源。本研究采用数据挖掘理论中的 z 分数归一化方法对数据矩阵 $\boldsymbol{X}$ 的每一列提取数据变化趋势,处理数据矩阵中的列向量,从而消除各列间的绝对值差异,保留变化趋势。

对数据矩阵 $\boldsymbol{X}$ 的每一列求平均值,可以得到它的均值行向量,即

$$\widetilde{E} = \left[\frac{1}{m}\sum_{i=1}^{m} x_{i1} \quad \frac{1}{m}\sum_{i=1}^{m} x_{i2} \quad \cdots \quad \frac{1}{m}\sum_{i=1}^{m} x_{in} \right]_{1\times n} = \left[\overline{x}_1 \quad \overline{x}_2 \quad \cdots \quad \overline{x}_n \right]_{1\times n} \quad (4-5)$$

将数据矩阵的均值行向量右乘 m 阶单位列向量，可以得到数据矩阵 X 的均值矩阵 E，即

$$E = I_{m\times 1}\widetilde{E} = \begin{bmatrix} 1 \\ 1 \\ \vdots \\ 1 \end{bmatrix}_{m\times 1} \left[\overline{x}_1 \quad \overline{x}_2 \quad \cdots \quad \overline{x}_n \right]_{1\times n} = \begin{bmatrix} \overline{x}_1 & \overline{x}_2 & \cdots & \overline{x}_n \\ \overline{x}_1 & \overline{x}_2 & \cdots & \overline{x}_n \\ \vdots & \vdots & & \vdots \\ \overline{x}_1 & \overline{x}_2 & \cdots & \overline{x}_n \end{bmatrix}_{m\times n} \quad (4-6)$$

根据式(4-5)的系统均值行向量，可以计算出数据矩阵 X 每一列的标准差，从而得到数据矩阵 X 的系统标准差行向量，即

$$\widetilde{\sigma} = \left[\sqrt{\frac{\sum_{i=1}^{m}(x_{i1}-\overline{x}_1)^2}{m}} \quad \sqrt{\frac{\sum_{i=1}^{m}(x_{i2}-\overline{x}_2)^2}{m}} \quad \cdots \quad \sqrt{\frac{\sum_{i=1}^{m}(x_{in}-\overline{x}_n)^2}{m}} \right]_{1\times n} = \left[\sigma_1 \quad \sigma_2 \quad \cdots \quad \sigma_n \right]_{1\times n} \quad (4-7)$$

同样地，将标准差行向量式(4-7)右乘 m 阶单位列向量，可以得到数据矩阵 X 的标准差矩阵，即

$$\sigma = I_{m\times 1}\widetilde{\sigma} = \begin{bmatrix} 1 \\ 1 \\ \vdots \\ 1 \end{bmatrix}_{m\times 1} \left[\sigma_1 \quad \sigma_2 \quad \cdots \quad \sigma_n \right]_{1\times n} = \begin{bmatrix} \sigma_1 & \sigma_2 & \cdots & \sigma_n \\ \sigma_1 & \sigma_2 & \cdots & \sigma_n \\ \vdots & \vdots & & \vdots \\ \sigma_1 & \sigma_2 & \cdots & \sigma_n \end{bmatrix}_{m\times n} \quad (4-8)$$

数据矩阵 X，均值矩阵 E，标准差矩阵 σ 均为 $m\times n$ 阶矩阵，同一位置元素分别代表的系统监测变量在该时间点的监测值(数据矩阵 X)，该变量在一段时间序列的平均值(均值矩阵 E)，和该变量在一段时间序列的标准差(标准差矩阵 σ)。

定义 4.1 归一化数据矩阵 $\widehat{X}$：将数据矩阵 X，均值矩阵 E，标准差矩阵 σ 中的元素进行一一对应，对每一个元素都做形如式(4-9)的运算，可以得到归一化数据矩阵 $\widehat{X}$。

$$\widehat{X} = \frac{X. - E.}{\sigma.} = \begin{bmatrix} \dfrac{x_{11}-\overline{x}_1}{\sigma_1} & \dfrac{x_{12}-\overline{x}_2}{\sigma_2} & \cdots & \dfrac{x_{1n}-\overline{x}_n}{\sigma_n} \\ \dfrac{x_{21}-\overline{x}_1}{\sigma_1} & \dfrac{x_{22}-\overline{x}_2}{\sigma_2} & \cdots & \dfrac{x_{2n}-\overline{x}_n}{\sigma_n} \\ \vdots & \vdots & & \vdots \\ \dfrac{x_{m1}-\overline{x}_1}{\sigma_1} & \dfrac{x_{m2}-\overline{x}_2}{\sigma_2} & \cdots & \dfrac{x_{mn}-\overline{x}_n}{\sigma_n} \end{bmatrix}_{m\times n} \quad (4-9)$$

归一化数据矩阵 $\widehat{X}$ 通过对数据矩阵各个列向量的归一化处理，消除观测数据变量间的绝对值差异，保留观测数据的变化趋势，从而消除了数据的多源性。

根据定义 4-1 处理田纳西仿真系统无故障数据集，得到系统归一化矩阵，其在三维欧氏空间中的分布以及其对应的时间序列如图 4-6 所示。

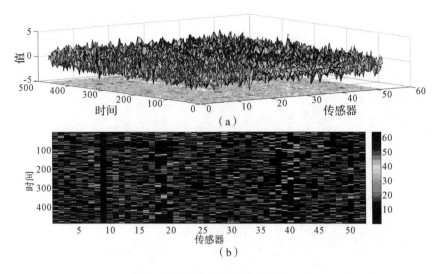

图 4-6　TEP 无故障数据包归一化

(a)TEP 归一化的无故障三维数据;(b)TEP 归一化的系统彩色图谱

由于数据归一化算法所用的式(4-9)反映了监测变量偏离平均值的程度,因此归一化系统彩色图谱中颜色由蓝到红代表了系统偏离平均值从大到小,也表示系统的稳定性由高到底。由图 4-6 可以看出,通过归一化处理后,系统彩色图谱包含了大量的高频信息(红色像素点)。

经过数据归一化后,不同数据变量间的绝对值差异消除了,数据变化趋势保留了下来,因此不同变量间的数据也具有了可比性,数据集的变化区间控制在了一个比较小的范围内。整个数据集纵向数据之间由绝对值造成的差异被消除,无论横向还是纵向都可以进行二维变换,而不用担心细节信息的丢失。TEP 无故障数据包和 21 个典型故障模式数据包归一化后在三维空间的显示如图 4-7 所示。

从图 4-7 中可以看出,经过归一化处理的 TEP 数据包的值域全部被限制在了[-5,5]之间,DCS 监测数据集的多源性被消除了。将归一化数据矩阵 $\hat{X}$ 的值按照系统彩色图谱的着色方法着色,构造大小为 $m \times n$ 的归一化系统彩色图谱。为了对比有故障 DCS 数据集的系统彩色图谱与无故障 DCS 数据集系统彩色图谱的差异,本章从田纳西仿真数据的 21 个故障数据包中选取了比较典型的三个全局性的故障模式数据包进行分析。故障模式的标号与对应故障模式描述如表 4-1 所示。

表 4-1　系统数据包故障模式标号

故障模式	对应故障模式描述
d00	无故障
d05	反应器冷却水的入口温度故障
d06	冷凝器冷却水的入口温度故障
d07	A 进料损失(流 1)

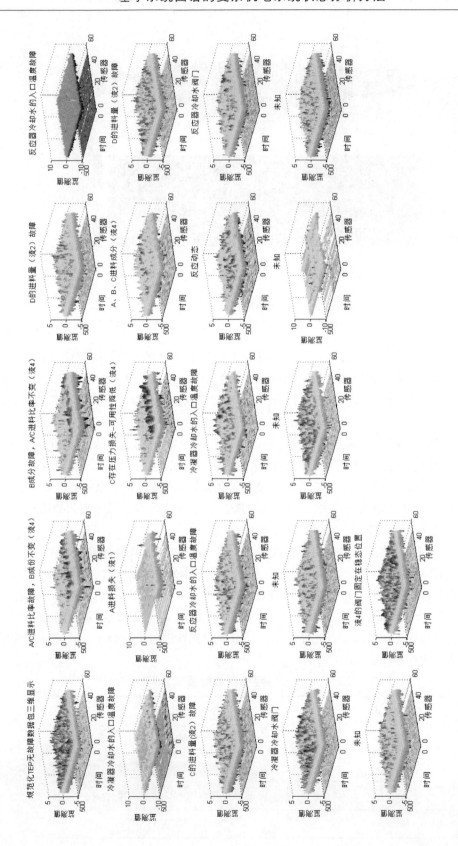

图4-7 TEP数据包归一化

图 4-8 显示了表 4-1 中 DCS 数据包对应的系统彩色图谱。表 4-1 中的系统故障都是全局性的系统故障,应该在多个系统条纹中有所反应。但是,由于数据集的多源性,不同变量的色彩条纹之间壁垒分明,色彩图谱的纵向变化细节信息被变量间的绝对值差异湮没。

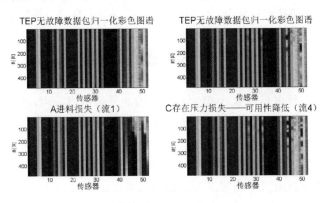

图 4-8　有故障彩色图谱与无故障彩色图谱的对比

从图 4-8 中,只能看到个别彩色条纹受到了影响,出现了色斑,而大多数设备运行正常,色彩没有异变。实际上,由于故障是全局性的,大多数设备都有异常变化,只是由于监测数据集的多源性,颜色的变化极其微弱,难以识别。如果以图 4-8 中的彩色图谱为依据判断系统的运行状态,会严重低估故障所造成的影响,从而导致决策失误。

为了能够通过系统彩色图谱显示出彩色条纹的横向联系,体现纵向的细节变化信息,消除系统的多源性对分析系统运行状态造成的影响,将被湮没的数据间横向变化信息显示出来,根据定义 4-1,将表 4-1 中的 TEP 故障数据包进行归一化处理,得到归一化数据矩阵 $\widehat{\boldsymbol{X}}$,根据系统彩色图谱构造规则,将归一化数据矩阵 $\widehat{\boldsymbol{X}}$ 着色后投影到系统色彩相空间中,得到系统归一化彩色图谱,如图 4-9 所示。

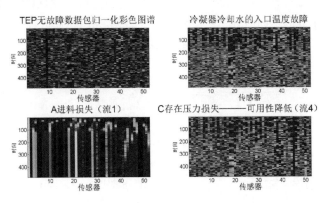

图 4-9　TEP 数据包归一化系统彩色图谱

如图 4-9 所示,系统归一化彩色图谱中数据间的绝对值差异消失了,只保留了监测数据的变化趋势,从而消除了监测数据集空间的多源性,使得色彩条纹变化信息更为丰富,故障数据包构成的归一化彩色图谱与无故障标准彩色图谱之间的差异极为明显。之前被空间多源性所掩盖的色彩变化信息被明确地显示了出来。有故障归一化彩色图谱的色彩条纹的变化明确显示了故障影响的范围和故障程度,与表 4-1 中的故障模式相对应,更能说明全局范围内系统的运行状况。

图 4-9 的分析表明,归一化彩色图谱的色彩不仅在纵向上反映出清晰的规律性,在横向上也有了联系,形象直观,可以利用数字图像处理的方法快速挖掘和提取隐含在海量数据之后的关键信息,全面把握系统运行状态,从而可以从系统层面上自动分析整个系统的运行状态。

4.2 数据降噪

归一化后的 DCS 数据矩阵 $\widehat{X}$ 中仍含有大量的非平稳随机噪声,对于计算机的自动分析会造成严重的干扰,必须予以降噪处理。由于观测数据间的非线性和耦合性特点,对于某个传感器的观测时序数据而言的噪声也许是其他传感器造成的有用信息,换句话说,对于单独的时序数据而言的白噪声对于整体观测集而言可能是极为有用的系统状态信息,若是被当作噪声处理掉,那么就有可能造成有用信息的丢失。

数字图像中也同样存在着有用高频信息与噪声信息混杂的现象,在进行降噪处理时需要进行区别对待。而小波变换的多分辨率的特性,可以准确地将混杂在数字图像中的噪声信息有效地过滤掉,已经被广泛应用于数字图像处理的各个领域。根据系统彩色图谱构造规则,将归一化数据矩阵 $\widehat{X}$ 转化为系统彩色图谱,借助数字图像处理中已经比较成熟的小波降噪方法,将 DCS 监测数据集中的高频信息和噪声区别开来,实现数据降噪。

4.2.1 小波的概念

小波变换是一种分析工具,它把数据、函数或算子分割成不同频率的成分,然后再用分解的方法去研究对应尺度下的成分。信号在时域中的小波变换(例如,声音施加于耳膜上的压力的振幅)取决于两个参量:尺度(或频域)及时间。小波变换是一种对时频局部化或称为时频定位的工具。小波变换是一种与加窗傅里叶变换相类似的时-频域描述方法,但它与加窗傅里叶变换又有几点重要的不同之处。小波变换有很多种形式,在此区分如图 4-10 所示。

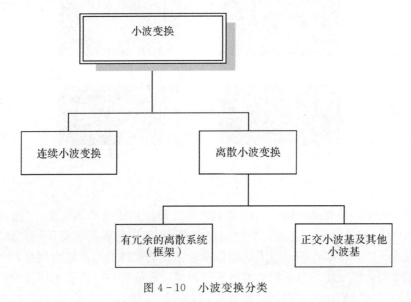

图 4-10 小波变换分类

连续小波变换(Continuous Wavelet Transform,CWT)的表达式为

$$(T^{\text{wav}}f)(a,b) = \frac{1}{\sqrt{|a|}}\int f(t)\psi\left(\frac{t-b}{a}\right)\mathrm{d}t \tag{4-10}$$

式(4-10)中的尺度因子 a 和平移因子 b 是在 R 中连续变化的(但限制 $a\neq 0$)。在许多应用场合,正变换必须与逆变换协同工作才能充分体现小波变换的优越性,才有实际意义。小波的逆变换为

$$f(t) = C_{\psi}^{-1}\int_{-\infty}^{+\infty}\int_{-\infty}^{+\infty}\langle f,\psi^{a,b}\rangle\psi^{a,b}\frac{\mathrm{d}a\,\mathrm{d}b}{a^{2}} \tag{4-11}$$

式中, $\psi^{a,b}(x) = |a|^{\frac{1}{2}}\psi\left(\frac{x-b}{a}\right)$, $<>$ 表示 L^{2} 中的内积,常量 C_{ψ} 的值取决于 ψ 并可由下式给出:

$$C_{\psi} = 2\pi\int_{-\infty}^{+\infty}|\psi(\omega)|^{2}|\omega|^{-1}\mathrm{d}\omega < \infty \tag{4-12}$$

如果 ψ 是 $L^{1}(R)$ 内的函数,那么 ψ 就是连续的,从而 C_{ψ} 取有限值只有在 $\psi(0)=0$ 时才能成立,即 $\int\psi(x)\mathrm{d}x = 0$。

$T^{\text{wav}}f(a,b)$ 是将 $f(t)$ 从一维时域投影分解为二维尺度-位移域(或二维时频域),因此逆变换对于尺度和位移进行二维积分变换。

利用小波的反变换式(4-11),可以对函数进行重构。当 $f(t)$ 的小波变换 $T^{\text{wav}}f(a,b)$ 已知时,可以视为重构 $f(t)$ 的一种方法。同时,也可以将 $f(t)$ 写成小波 $\psi^{a,b}$ 的叠加形式。

$f(t)\rightarrow(T^{\text{wav}}f)(a,b)$ 的对应是一种通过双变量函数表示单变量函数的关系,通过它可以建立起大量的关系式。并且这一表示中的冗余性也可以加以利用。其中一个成功的范例是由连续小波变换得到的骨架(skeleton)概念,它被应用于非线性滤波器中。

离散小波(Discrete Wavelet Transform,DWT)变换的表达式为

$$(T^{\text{win}}_{m,n}f)(a,b) = \frac{1}{\sqrt{a_{0}^{m}}}\int f(t)\psi(a_{0}^{-m}t-nb_{0})\mathrm{d}t \tag{4-13}$$

式(4-13)是将式(4-10)中的 a, b 离散化后获得的,其中 $a=a_{0}^{m}$, $b=nb_{0}a_{0}^{m}$, $m,n\in Z$ 并且 $a_{0}>1,b_{0}>0$。这里的尺度因子 a 和平移因子 b 均为离散值,对于某一确定的尺度因子 $a_{0}>1$,我们选择它的整数次幂,即 $a=a_{0}^{m}$,不同的 m 值对应不同的时窗宽度小波,因此平移参数的离散化也取决于参数 m,窄带(高频)小波变换对应于小步长,以便于覆盖整个时间范围,而宽带小波(低频)对应的步长则较大。

在式(4-10)连续小波变化和公式离散小波变换中均有假设:

$$\int\psi(t)\mathrm{d}t = 0 \tag{4-14}$$

小波变换与加窗傅里叶变换的相似之处在于均使用了 f 与双指标函数族的内积表达式,这类双指标函数在式(4-18)的傅里叶变换中的表达式为 $g^{\omega,t}(s) = \mathrm{e}^{j\omega t}g(s-t)$,而在式(4-10)的小波变换中的表达式则为

$$\psi^{a,b}(s) = |a|^{-\frac{1}{2}}\psi\left(\frac{s-b}{a}\right) \tag{4-15}$$

函数 $\psi^{a,b}$ 被称为小波函数，有时还把 ψ 称为母小波（注意：此处的 ψ 与 g 都隐含假设为实函数，如果是复函数则需要引入共轭复函数）。

小波函数中最典型的是 Mexicanl（墨西哥）帽状函数，即

$$\psi(t) = (1-t^2)\exp(-\frac{t^2}{2}) \tag{4-16}$$

式（4-16）的 Mexicanl（墨西哥）帽状函数形状酷似墨西哥草帽，在时-频两域都具有良好的局部化特性，并满足式（4-14）所要求的条件。

当尺度参数 a 变化时，$\psi^{a,0}(s) = |a|^{-\frac{1}{2}}\psi\left(\frac{s}{a}\right)$ 将覆盖不同的频率范围。尺度参数 $|a|$ 的大值将对应于低频或大尺度的 $\psi^{a,0}$；而 $|a|$ 的小值则对应于高频或小尺度 $\psi^{a,0}$。

改变位移参数 b 相当于移动时窗中心，每一个 $\psi^{a,b}(s)$ 都被定为在 $s=b$ 附近，这种情况与式（4-18）和式（4-10）对 f 的时频刻画方式相似。

小波变换与傅里叶变换的不同之处表现在 $g^{\omega,t}$ 和 $\psi^{a,b}$ 的形态中。函数 $g^{\omega,t}$ 是由同一个包络函数 g 平移到某个时间位置上并在时间窗内填入高频振荡信号的结果。整个 $g^{\omega,t}$ 无论 ω 值如何变化均具有相同的窗口宽度。而 $\psi^{a,b}$ 则具有适应频率变化的可变窗宽，高频时 $\psi^{a,b}$ 的时窗宽较窄，低频时较宽，其结果是小波变换比加窗傅里叶变换对短时高频现象如信号传输（或函数或积分核中的奇异性）有更好的"显微"效果。

本节将讲述时频定位的意义及引起人们极大兴趣的原因，然后将对不同模型的小波进行描述。

1. 时-频定位（局部化）

在许多应用领域，对于给定信号 $f(t)$，人们感兴趣的是信号在特定时间的频率成分，就像在音乐演奏中，演奏者需要知道在什么时候演奏什么音调一样。标准的傅里叶变换为

$$F(\omega) = \frac{1}{\sqrt{2\pi}}\int e^{-j\omega t} f(t)\,dt \tag{4-17}$$

虽然也可以表示成 f 的各频率成分，但有关时-频的定位信息，如高频冲击发生时刻，却难以从 f 的傅里叶变换中获得。将 f 窗口化进行傅里叶变换，即

$$F(\omega,t) = \int f(s)g(s-t)e^{-j\omega t}\,ds \tag{4-18}$$

可以获得时间局部化信息，此式称为加窗傅里叶变换，它是进行时-频定位的一种标准方法。在对离散信号的分析中，人们对它可能更加熟悉，设 $t=nt_0$，$\omega=m\omega_0$ 为寻分值，其中 $m,n\in Z$，并且 $\omega_0,t_0>0$，这样，式（4-18）变为

$$T_{m,n}^{\text{win}} = F_{m,n}(\omega,t) = \int f(s)g(s-nt_0)e^{-jm\omega_0 s}\,ds \tag{4-19}$$

如果 g 是紧支撑的，适当选择 ω_0，傅里叶变换系数 $T_{m,n}^{\text{win}}(f)$ 可以充分表征 $f(s)g(s-nt_0)$，并且如果需要还可以对 $f(s)g(s-nt_0)$ 进行重构，改变 n 值，窗口以 t_0 为步长移动，最终可由 $T_{m,n}^{\text{win}}(f)$ 获得全部 f。在信号处理中，对于窗函数 g 最常用的是有紧支撑的适度光滑函数。从这个角度出发，窗函数 g 通常选为高斯函数。在所有的应用领域，g 都具有良好的

时-频特性,如果 g 和 $\hat{g}$ 均集中在零点附近,那么 $(T^{\text{win}}f)(\omega,t)$ 将很好地显示出 f 在 t 和 ω 附近的成分。因此加窗傅里叶变换可以在整个时频平面上描述信号。

2. 多分辨率

小波母函数 $\psi\left(\dfrac{t-b}{a}\right)$ 中的 b 是位移因子,将小波窗口沿着信号 $x(t)$ 的时间轴移动,负责小波窗口的定位;a 是尺度因子,用于控制小波窗口的宽窄,负责调节信号的分辨率。通过调整位移因子和尺度因子,可以利用小波变换自适应观察任何位置的信号在不同粒度上的细节。当尺度因子较小时,由于窗口比较窄,其对应的信号分辨率则较高,可以观察信号的细节信息;而当尺度因子较大时,窗口则比较宽。此时的信号分辨率较低,则小波变换反映的是信号的概貌。无论尺度因子 a 如何变化,其品质因数是恒定的。小波的这种对信号由粗到精的逐级分析称为小波的多分辨率。

小波的多分辨率将非平稳随机信号随时间的变化分为快变化和慢变化,分别对应信号的低频成分和高频成分。低频成分记录了信号的大体轮廓,高频成分包含信号的细节信息。法国学者 S. Mallat 在 1989 年根据小波的多分辨率提出了小波分解和重构的算法,即 Mallat 算法,降低了小波运算的计算量,使之可以广泛地应用到工程领域,成为了处理非平稳随机信号的主要方法,其基本思想如图 4 - 11 所示。

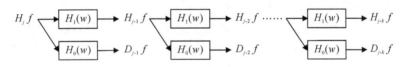

图 4 - 11　Mallat 算法基本思想

图 4 - 11 描述了 Mallat 算法对能量有限信号 $f(x) \in L^2(R)$ 在分辨率 2^j 下的近似 $H_j f$ 分解。信号 $f(x) \in L^2(R)$ 在第 j 层将信号 $H_j f$ 通过低通滤波器 $H_1(\omega)$ 得到在分辨率 2^{j-1} 下的近似分解 $H_{j-1}f$,以及通过高通滤波器 $H_0(\omega)$ 的分辨率介于 2^{j-1} 和 2^j 之间的细节信息 $D_{j-1}f$。之后每一次分解则重复执行上述过程。最后,信号被分解为低频成分与不同分辨率下的高频成分,即

$$f = \sum_{k \in Z} \langle f, \varphi_{j-1,k} \rangle \varphi_{j-1,k} + \sum_{k \in Z} \langle f, \varphi_{j-1,k} \rangle \varphi_{j-1,k} \tag{4-20}$$

式中,φ 和 φ 分别为尺度函数和小波函数。$\displaystyle\sum_{k \in Z} \langle f, \varphi_{j-1,k} \rangle \varphi_{j-1,k}$ 是 f 的低频分量,对应图 4 - 11 中的 $H_{j-1}f$,$\displaystyle\sum_{k \in Z} \langle f, \varphi_{j-1,k} \rangle \varphi_{j-1,k}$ 则是高频分量,对应图 4 - 11 中的 $D_{j-1}f$。

小波重构的 Mallat 算法如图 4 - 12 所示。

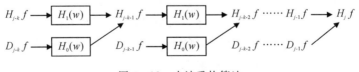

图 4 - 12　小波重构算法

4.2.2 小波用于信号降噪的原理

小波分析之所以强大就在于它能将信号中我们关心的成分尽可能详细地展示出来。小波可以很方便地分解和重构,小波降噪原理就是基于小波的这一特性。小波分解系数后,对分解系数进行处理,把不必要的噪声信号去掉,保留我们感兴趣的信号细节,然后重建恢复信号,就达到了降噪的目的[82]。

1. 信号降噪的准则

(1)光滑性:在大部分情况下,降噪后的信号至少和原信号具有同等的光滑性;

(2)相似性:降噪后的信号和原信号的方差估计应该是在最坏情况下的最小方差(Min-max Estimator)。

2. 信号降噪的理论基础

若 $|\psi_i|$ 是一组无条件正交基,那么存在常数 C,使得对任意一组满足条件 $|\beta'_i| \leqslant |\beta_i|$ 的系数 $|\beta'_i|$,有如下条件成立:

$$\| \sum \beta'_i \psi_i \| < C \| \sum \beta_i \psi_i \| \tag{4-21}$$

说明对于无条件正交基,系数的衰减最多使合成函数的模增大为原来的常数倍,并且在大部分条件下,衰减的系数产生的函数比原函数光滑。

可以证明,小波基是 Banach 空间中的无条件正交基,如果再用一些方法,使选择的阈值能够生成最小方差估计的降噪信号,那么就完全满足了信号降噪的两个要求。在小波分析用于降噪的过程中,核心的步骤就是在系数上做阈值。因为阈值的选取直接影响降噪的质量,所以人们提出了各种理论的和经验的模型。但没有一种模型是通用的,它们有自己的使用范围。

一个信号 $f(n)$ 被噪声污染后为 $s(n)$,基本的噪声模型可以表示为

$$s(n) = f(n) + \sigma e(n) \tag{4-22}$$

式中,$e(n)$ 为噪声;σ 为噪声强度。在小波变换中,对各层系数降噪所需的阈值一般根据原信号的信噪比来取。

在假定噪声为白噪声的情况下(噪声的数学期望为 0),一般使用原信号小波分解的各层系数的标准差来衡量。MATLAB 提供了 wnoisest 来实现这个功能。

在得到信号的噪声强度之后,我们就可以根据噪声强度 σ 来确定各层的阈值。对噪声强度为 σ 的白噪声,阈值的确定主要有以下几个数学模型:

(1)缺省的阈值确定模型,阈值由下式表示:

$$\text{thr} = \sqrt{2\lg(n)}\sigma \tag{4-23}$$

式中,n 为信号长度,在 ddencmp 命令中,若使用降噪功能,求得的阈值就是用这个规则确定的。

(2)Birge-Massart 策略确定阈值。

1)给定一个指定的分解层数 j,对 $j+1$ 以及更高层,所有系数保留。

2)对第 i 层($1 \leqslant i \leqslant j$),保留绝对值最大的 n_i 个系数,n_i 由下式确定:

$$n_i = M(j+2-i)^\alpha \tag{4-24}$$

式中,M 和 α 为经验系数,缺省的情况下取 $M=L(1)$,也就是第一层分解后系数的长度,一般情况下,M 满足 $L(1) \leqslant M \leqslant 2L(1)$;$\alpha$ 的取值在降噪的情况下一般取 3,压缩的情况下取 1.5。

3)小波包变换中的 penalty 阈值。令 t^* 为使得函数

$$\text{crit}(t) = -\sum_{k \leqslant t} c_k^2 + 2\sigma^2 t(\alpha + \lg(n/t)) \qquad (4-25)$$

取得最小值的 t，其中 c_k 为小波包分解系数排序后第 k 大的系数，n 为系数的总数。则阈值为 $\text{thr} = |t^*|$。式中，σ 为噪声强度，α 为经验系数，必须为大于 1 的实数，典型值为 2。随着 α 的增大，降噪后信号的小波系数会变得稀疏，重构后的信号也会变得更光滑。

3. 信号降噪的步骤

(1)分解过程：选定一种小波，对信号进行 N 层小波包分解。

(2)作用阈值过程：对分解得到的各层系数选择一个阈值，并对细节系数（高频）系数做软阈值处理。

(3)重建过程：将处理后的系数通过小波包重构恢复原始信号。

这个过程基于如下的基本假设，即携带信息的原始信号在频域或小波域的能量相对集中，表现为能量密度区域的信号分解系数的绝对值比较大，而噪声信号的能量谱相对分散，所以其系数的绝对值比较小，这样我们就可以通过阈值法过滤掉绝对值小于一定阈值的小波系数，从而达到降噪的目的。

4.2.3　图像降噪的理论基础

二维信号在小波域中降噪方法的基本思想与一维信号一致，在阈值的选择上可以使用统一的全局阈值，也可以分作三个方向，分别是水平方向、竖直方向和对角方向，这样就可以把所有方向上的噪声都分离出来，通过阈值抑制其成分。

1. 二维小波的分解与重构

数字图像是二维的，用小波变换处理图像自然也要把一维小波变换推广到二维。通过构造二维尺度函数和二维小波函数如公式(4-26)所示，可以将小波变换应用于图像。

$$\left.\begin{array}{l} \Phi(x,y) = \varphi(x)\varphi(y) \\ \Psi^{(1)} = \varphi(x)\psi(y) \\ \Psi^{(2)} = \psi(x)\varphi(y) \\ \Psi^{(3)} = \psi(x)\psi(y) \end{array}\right\} \qquad (4-26)$$

利用式(4-26)所构造的二维小波函数和二维尺度函数的分离变量的性质，将二维分解过程通过行处理和处理两步完成，如图 4-13 所示。

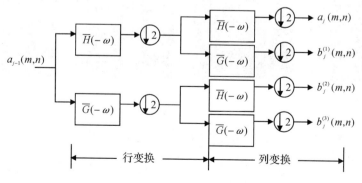

图 4-13　二维小波分解示意图

将原始图像视为如图 4-13 所示的信号 $a_j(m,n)$，滤波器组输出 4 部分：$a_{j-1}(m,n)$ 表示水平与垂直两个方向的低频成分，$b_j^{(2)}(m,n)$ 表示水平方向的低频成分与垂直方向的高频成分，$b_j^{(2)}(m,n)$ 表示水平方向的高频成分与垂直方向的低频成分，$b_j^{(3)}(m,n)$ 表示水平与垂直两个方向的高频成分。如图 4-14 所示，二维小波变换利用式(4-26)的可分离性，变为先对行再对列的两次一维小波变换。同理，小波逆变换只要相反即可。

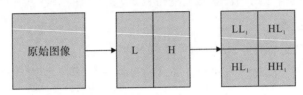

图 4-14　图像的一级小波分解

图 4-15 是二维正弦函数图像的一级小波分解，其中图(a)是原始图像，图(b)是原始图像经过一级分解后的行和列的低频信息，图(c)为小波分解后保留的行和列的低频系数，图(d)是根据分解的小波系数应用小波逆变换重构的图像。从图 4-15 中可以很清楚地看到图(a)和图(d)几乎没有差别；图(c)中由于高频信号被过滤，色彩间的过度没有图(a)柔和，有马赛克出现；图(b)中的频率分解恰好与图 4-14 中的图像的一级小波分解相对应。

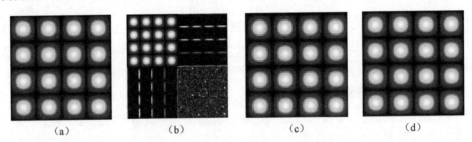

图 4-15　二维正弦函数图像的一级小波分解

(a)原始图像；(b)一级小波分解；(c)一级小波低频系数；(d)小波重构图像

二维小波变换隔离图像中不同频率信息的能力随着小波分解级数的提高而增强。如图 4-16 所示是图像的三级小波分解及重构。

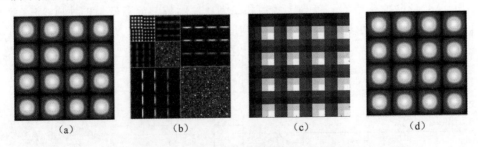

图 4-16　二维正弦函数图像的三级小波分解

(a)原始图像；(b)三级小波分解；(c)三级小波低频系数；(d)小波重构图像

图 4-16 中包含了 10 个子图像，其中每一个子图像的位置与数据在频域中的位置是一致的，图像的大小则反映了该数组中的数据量，颜色则代表了数据值的大小。

二维小波重构是二维小波分解的逆过程。在可分离变量的情况下,二维小波重构也是通过分别进行行重构和列重构来实现的,如图 4-17 所示。

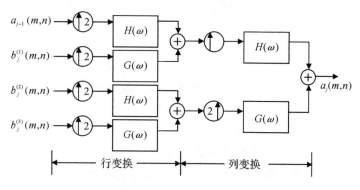

图 4-17　二维小波重构

2. 基于小波变换的图像降噪的优势

利用数字图像处理技术降低或消除图像数据在采集和传输的过程中受到噪声的污染,称为图像降噪。但是,如果无法分辨图像边缘的高频信号和高频噪声信号,则会造成图像的失真。因此,图像降噪的关键在于如何在降低(或消除)噪声对应的高频成分的同时,保留图像边缘的高频成分,亦即如何将不同时空域的高频成分区分开来。而基于小波变换的图像降噪技术可以区别对待不同的空间域的高频成分。噪声和系统高频信号的小波系数幅值随着尺度的变化趋势不同。随着尺度的增加,真实信号的小波系数的幅值基本不变,而噪声信号的小波系数的幅值则会很快衰减到零。针对这一性质,利用信号的小波变换的多分辨率特性就可以在降低(或消除)噪声的同时尽可能地保留原始信号点的突变部分或图像边缘部分的有用高频信息。

3. 基于小波的图像降噪

图像经过小波变换后,幅值较大的系数是图像的边缘细节信息,数量较少,而噪声则对应那些幅值较小的系数,数量较多。正常情况下,图像的大部分能量会集中在少量幅值较大的系数上。通过设定某一个阈值来过滤小波系数,保留幅值较大的图像细节细腻,过滤幅值较小的噪声,从而达到图像降噪的目的,这种方法称为阈值法。它是基于小波变化的图像降噪方法中最常用,也是最有效的方法之一。

假设包含噪声的原始图像为 $f(m,n)$,阈值法小波降噪的基本步骤如下:

第一步:从 $a_0(m,n) \approx f(m,n)$ 出发,作 J 级小波分解,得到系数 $a_J(m,n)$,$b_J^{(1)}(m,n)$,$b_J^{(2)}(m,n)$,$b_J^{(3)}(m,n)$,$\cdots$,$b_1^{(1)}(m,n)$,$b_1^{(2)}(m,n)$,$b_1^{(3)}(m,n)$。

第二步:对各细节系数按下式进行处理:

$$\hat{b}_j^{(k)}(m,n) = \eta(b_j^{(k)}(m,n)) \tag{4-27}$$

式中的 $\eta(\cdot)$ 称为修正因子,也称为阈值函数,用于修正 $b_j^{(k)}(m,n)$。

第三步:用小波系数 $a_J(m,n)$,$\hat{b}_j^{(k)}(m,n)$ $(j=1,\cdots,J,k=1,2,3)$ 重构图像,得到降噪后的图像 $\hat{f}(m,n)$。

显然，阈值法小波降噪方法的关键在于阈值的选取。常用的阈值函数有硬阈值函数和软阈值函数。

硬阈值如式(4-28)所示，其作用是当小于某一选定的阈值 T 时，以 0 取代，否则维持原值不变。

$$\hat{b}_j^{(k)}(m,n) = \begin{cases} 0, & |b_j^{(k)}(m,n)|<T \\ b_j^{(k)}(m,n), & |b_j^{(k)}(m,n)|\geqslant T \end{cases} \qquad (4-28)$$

软阈值如式(4-29)所示，其对所有的系数均作了收缩处理。

$$\hat{b}_j^{(k)}(m,n) = \begin{cases} 0, & |b_j^{(k)}(m,n)|<T \\ \text{sign}(b_j^{(k)}(m,n))|b_j^{(k)}(m,n)|-T, & |b_j^{(k)}(m,n)|\geqslant T \end{cases} \qquad (4-29)$$

同硬阈值法相比，软阈值法在保留同样能量成分的情况下，有着更好的相似性，从直观上解释，是由于区分了不同方向的阈值后，可以更精确地刻画各个方向上的噪声分布情况，所以可以获得更好的相似性。

图 4-18 所示为一个带有噪声点的二维正弦函数图像的的一级小波分解。图 4-18(a)所示是原始图像，图(b)所示是原始图像经过一级分解后的行和列的低频信息，图(c)所示为小波分解后保留的行和列的低频系数，图(d)所示是根据分解的小波系数应用小波逆变换重构的图像。可以很清楚地看到，图 4-18 中的(a)和(d)没有差别，而(c)中噪声点和高频信息都消失了。

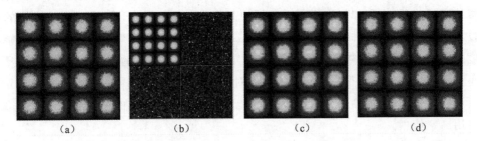

(a)   (b)   (c)   (d)

图 4-18   图像的一级小波分解

(a)原始图形；(b)一级小波分析；(c)一级小波低频系数；(d)小波重构图形

图像经过小波分解后，图像的高频信息和噪声都被分解到细节信息 $b_j^{(k)}(m,n)$ 中的这一特性在多级小波分解中尤为明显。图 4-19 所示是带有噪声点的二维正弦函数图像的三级小波分解与重构结果。

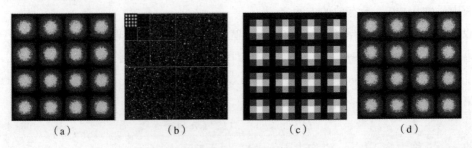

(a)   (b)   (c)   (d)

图 4-19   图像的三级小波分解

(a)原始图形；(b)三级小波分析；(c)三级小波低频系数；(d)小波重构图形

图 4-19(c)所示是经过三次滤波后的图像低频信号,可以很明显地看出反映图像边缘过度的高频细节信息和噪声信息同时被过滤掉了。二维正弦函数图像经过三级小波分解后,用软阈值法降噪后的效果如图 4-20 所示。

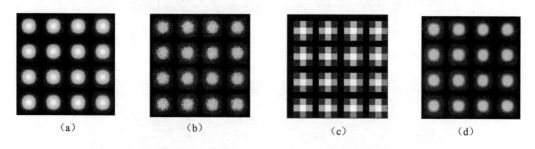

（a）　　　　　　　（b）　　　　　　　（c）　　　　　　　（d）

图 4-20　二维正弦函数图像的降噪效果对比

(a)原始图像;(b)带噪声的图像;(c)三级小波低频系数;(d)降噪后的图像

显然,相比图 4-20(c)中仅保留低频信息而导致的图像失真,图 4-20(d)在降低噪声的同时,最大限度地保留了高频信息,减低了图像的失真度,保证了图像中信息的完整性。

4.2.4　归一化系统彩色图谱的二维小波降噪

以 TEP 无故障仿真数据包为例,归一化数据矩阵 $\widehat{X}$ 经过二维小波降噪处理后,高频噪声信息被剔除,而系统有用高频信号被保留,如图 4-21 所示。

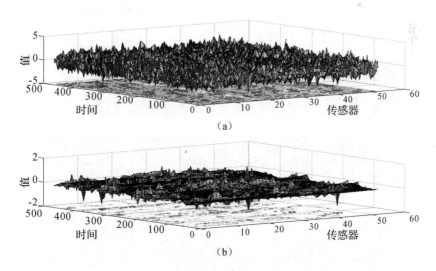

（a）

（b）

图 4-21　TEP 无故障数据包降噪前后对比

(a)TEP 归一化的无故障三维数据;(b)TEP 降噪后的无故障三维前后对比

如图 4-21 所示,相比降噪前图(a)中的包含高频信息总量,经过二维小波降噪后图(b)中的高频信号量大幅度减少,并且幅值也有所降低。二维小波降噪针对图像中的高频信号和噪声信号在不同尺度下的变化趋势予以区别对待,从而有效地将噪声从系统彩色图谱中剔除出来。TEP 无故障数据包经过归一化和降噪处理后在三维欧氏空间中的显示以及对应的系统彩色图谱如图 4-22 所示。

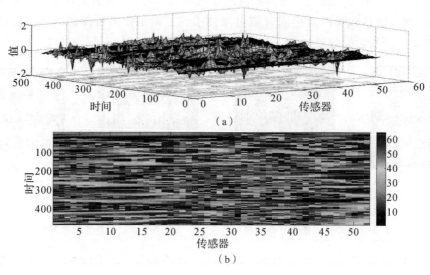

(a)

(b)

图 4 - 22　降噪后的系统彩色图谱

(a)降噪后的 DCS 数据三维图；(b)降噪 TEP 无故障彩色图谱

如图 4 - 22 所示，降噪后的系统彩色图谱消除了数据间的横向差异，更加明显地反映了数据的变化趋势。可以看出，耦合度大的设备间变化趋势趋同，或者有着极大的相关关系。对于计算机来说，降噪后的监测数据更有利于提取图像特征，找出各个设备在系统层面上的关联关系。以 TEP 无故障数据包为例，将原始数据包和经过数据预处理的数据包所构造的系统彩色图谱进行对比，如图 4 - 23 所示。

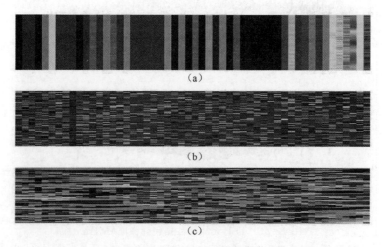

(a)

(b)

(c)

图 4 - 23　原始彩色图谱与经过处理的彩色图谱的对比

(a)TEP 无故障彩色图谱；(b)归一化 TEP 无故障彩色图谱；(c)TEP 无故障数据包降噪后的彩色图谱

图 4 - 23(a)所示是由没有经过任何预处理的 TEP 无故障数据包构造的系统彩色图谱，其色带边缘在频域中是高频信息。每一条色带代表一个监测变量的时间序列。代表不同监测变量的色带之间的界限清晰明显，每条色带内部色彩变化极为微弱。由于色带边缘的高频信息，导致计算机难以提取数据间的横向联系。图 4 - 23(b)所示是经过数据归一化后的

数据包构成的系统彩色图谱,图(a)中色带的影响被消弱,数据间初步具有了横向可比性,各个色带内部的色彩变化丰富了起来,但是不同监测变量之间的分界还是可以很清楚地看出来。图(c)是对图(b)进行二维小波降噪后系统彩色图谱,可以很清晰地看出,监测变量间的边界消失了,数据间有了横向联系,整幅图形成了一个整体,从横向和纵向两方面共同描述了系统的动态特性。

表 4-1 中的无故障数据包和 3 个典型故障数据包归一化后,生成的归一化系统彩色图谱如图 4-9 所示。对图 4-9 进行二维小波降噪,得到降噪后的系统彩色图谱如图 4-24 所示。

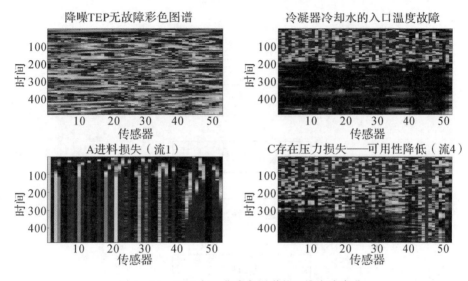

图 4-24　TEP 归一化彩色图谱的二维小波降噪

本章所提出的 DCS 监测数据集降噪方法将归一化数据矩阵 $\hat{X}$ 构造为系统彩色图谱后进行二维小波降噪,可以将有用的高频信息与噪声加以区别,从而防止有用信息的丢失。因此,基于系统彩色图谱的二维小波降噪可以从系统层面上总体把握系统的噪声特性,从而消除观测数据间的涌现性对系统降噪的影响。

4.3　本 章 小 结

本章提出的数据预处理方法是基于系统图谱分析系统运行健康状态的第一步,包括消除系统多源性和系统整体降噪,具体流程如图 4-25 所示。

首先,本章针对现代工业系统的监控数据集所特有的相关性、耦合性、非线性和空间多源性,提出了归一化系统彩色图谱的概念。先将 DCS 监测数据集进行归一化处理,消除数据变量绝对值差异造成的数据变化趋势被湮没的现象,再将归一化后的监控数据集映射到色彩相空间,利用数字彩色图谱本身所特有的色彩敏感性和高度耦合性反映监测数据的细微变化,直观形象地将数据变量间的变化细节反映出来,从而消除了空间尺度变量的多源性造成的影响。为更近一步从系统层面提取系统动态特征,分析系统运行细节信息,有效地解决细节信息"湮没"的问题。然后,针对归一化系统彩色图谱中白噪声与系统固有的高频信息混杂的现象,提出了基于二维全阈值小波降噪的归一化系统彩色图谱降噪方法,将系统高频信息和白噪声区分开来,达到了消除白噪声并保留系统高频信息的目的。同时,本章以国际通用的 TEP 仿真数据集为实例,展示了经过归一化和系统降噪的两类系统彩色图谱。

本章提出的数据预处理方法消除了数据多源性和噪声对基于系统彩色图谱系统运行状态分析影响,为实现故障模式的快速识别和系统运行状态评估,筛选、整理和分析大量 DCS 监测数据样本,人工和自动分析系统运行状态和故障诊断方法奠定了基础。

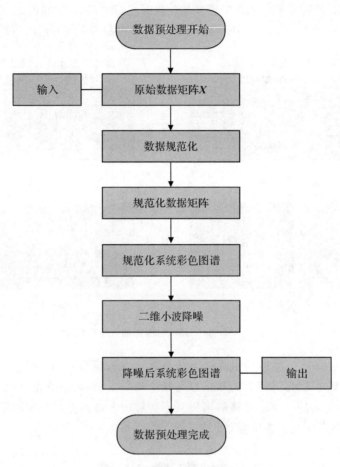

图 4 - 25　数据预处理流程

第 5 章　面向人机交互的系统故障识别方法研究

复杂机电系统在不同的运行健康状态下,DCS 监测数据的变化是有差异的。只是这种差异是通过数值的变化来反映,难以被人类观察到。人类的大脑对于图像中色彩变化的敏感度远远高于数值,而且人类理解图像信息的方式是并行的,对眼睛传递上来的图像会自动进行再处理,平衡色彩差异,过滤噪声点,快速提取不同图像中的差异信息。利用人类视觉的生理特点,本章提出了一种通过观察系统图谱色彩差异分析系统运行健康状态的方法。

5.1　基于系统彩色图谱的故障识别方法

系统彩色图谱的横轴代表系统的监测点,纵轴代表采样时间,不同的色彩代表系统要素不同的采样值。利用系统彩色图谱中像素间特有的高度关联性和耦合性,我们可以从系统层面观测系统的整体运行状态。由于各个监测点的时序数据监测值的不同,构造出的系统彩色图谱显示出不同颜色的纵向彩色条纹,如图 5-1 所示。

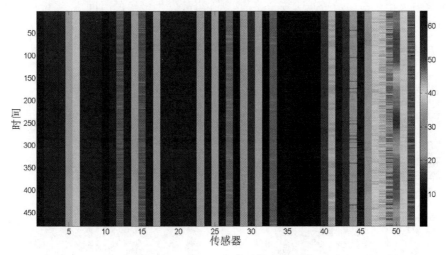

图 5-1　TEP 无故障系统彩色图谱

从美学的角度来看,稳定运行状态的系统彩色图谱反映一个稳定运行的复杂动力学系统中蕴含的、自然界中物质深层固有结构所特有和谐、简洁、流畅的美学特征。当系统出现故障时,系统内部各要素之间的和谐性与规律性被破坏,反映在系统彩色图谱上,就表现为不和谐因素,破坏整个图谱的美感。

每隔一段特定的时间周期构造一副系统彩色图谱,通过观察系统彩色图谱中色彩条纹的颜色变化规律和变化趋势可以判断系统的运行状态。系统处于稳定运行状态,彩色图谱的条纹是均匀、流畅的,条纹的色彩变化具有一定的规律可循,整个图谱应该呈现出一定的稳定性与规律性。

通过观察系统彩色图谱中彩色条纹的变化,可以同时监控系统中所有监测点的时序数据。假设一个系统包含 1 000 个监测点,采样间隔为 1s,则 1h 的监测数据量高达 360 万个。心理学研究告诉我们,一个人最多可以同时关注 7 件事情。也就是说,面对这样的系统,不考虑采样间隔所带来的庞大的工作量,也不考虑人与人之间信息的传递问题,只是根据人的心理承受极限,则至少需要 143 人同时工作才能实现全面实时监控,这显然是不现实的。因此必须使用计算机对监测数据做实时监控。而传统的计算机数据分析技术面对如此众多的数据变量以及庞大的数据量显得力不从心。系统彩色图谱在系统实时监控方面具有天然的优势。彩色图谱的每一条色彩条纹代表着系统中的一个监测点在单位周期内的时序数据。因此,1 000 个监控点,采样间隔为 1s 的系统 1h 的监控数据集将构造出一幅长 3 600 像素,宽 1 000 像素的系统彩色图谱。这样尺寸的数字图像在计算机屏幕上可以很清晰地显示出来。这样 1 000 个监测点在 1h 内的变化趋势在一幅数字图像中同时反映了出来,监控人员通过观察这幅图像,就可以同时监控 1 000 个监控点的时序数据。

通过定位出现色彩异常变化的彩色条纹所对应的观测点,我们可以实现系统故障的快速溯源。当系统中的某些生产要素出了问题,则最直接的反映是相应的多个监测数据出现了异常,映射到系统彩色图谱中,则与故障数据相对应的彩色条纹显示出异常的色彩,整个条纹的原有规律性被破坏,从而导致整个彩色图谱出现了瑕疵。这种色彩的异常现象在彩色图谱中可以利用图像处理与模式识别技术被迅速发现。将色彩出现异常的彩色条纹与构成该彩色条纹的监测点对应,可以快速锁定出现异常的监控点的范围,从而实现故障的快速溯源。

如果系统发生停车事故等重大安全事故,则在事故发生极短的时间内,系统中大多数监测点都会出现异常,反映在系统彩色图谱中彩色条纹会出现集体性的异变。及时从系统彩色图谱中观察到这种异变,可以快速判断系统故障的程度,从而实现重大安全事故的快速预警。

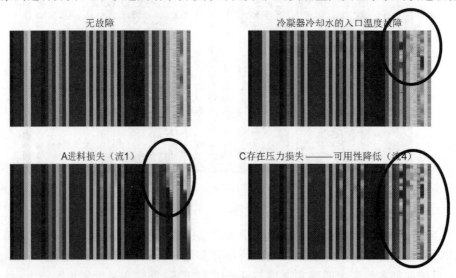

图 5-2　无故障数据系统彩色图谱和有故障数据系统彩色图谱的对比

系统彩色图谱通过色彩条纹的变化直观地显示系统的运行状态,帮助系统监控人员准确快速地掌握系统运行状态。但是,数据变量本身的复杂性,使得彩色图谱的色彩变化规律与系统运行状态之间的对应关系难以用计算机直接处理,更多的还是依赖于人眼的监控,无法实现系统运行状态的自动诊断与报警。为了实现企业级系统状态的自动分析,必须充分利用系统积累的 DCS 历史数据集,挖掘其内部蕴含的系统的动态运行规律。

当系统出现故障时,系统内部各要素之间的和谐性与规律性被破坏了,反映在系统彩色图谱上,就表现为不和谐因素,破坏整个图谱的美感。利用田纳西仿真数据包中的典型故障数据构造的系统有故障彩色图像。如图 5-2 所示,系统有故障彩色图像与系统无故障彩色图像相比,有故障彩色图像中都出现了色彩的突变,一副美丽的图画上出现了瑕疵。

从图 5-2 中系统有故障彩色图谱中可以看出,当系统有故障出现时,与故障相关的数据区域中会出现正常运行状态下没有的色彩,条纹的色彩发生突变,破坏了系统彩色图谱的整体性与和谐性,从而直观地反映了系统运行出现故障。根据色彩的突变区域,结合监测点和采样点的分布,可以很直观地圈定故障的可能范围。因此,不同类型的系统故障会有与之一一对应的系统特有的系统彩色图谱。

根据数据矩阵 X 的着色算法将数据向量矩阵依次着色,并根据系统彩色图谱规则 $\xi:X\times\boldsymbol{\Pi}\to\boldsymbol{\Gamma}$ 依次与数据向量 X 对应的系统彩色图谱序列。

定义 5-1　彩色图谱序列　依据系统彩色图谱的构造规则 $\xi:X\times\boldsymbol{\Pi}\to\boldsymbol{\Gamma}$ 依次将数据矩阵向量 X 中的数据矩阵 X 映射到三维色彩相空间 $\boldsymbol{\Pi}$ 中 $\chi:X_k\to\Gamma_k,k\in N,k\in[1,\kappa-1)$,得到系统全生命周期的系统彩色图谱序列,即

$$\boldsymbol{\Gamma}=[\Gamma_1,\Gamma_2,\cdots,\Gamma_k,\cdots,\Gamma_\kappa]$$

田纳西仿真系统共有 21 个典型故障,其对应的系统彩色图谱如图 5-3 所示。从图 5-3 可以看出,所有有故障的系统彩色图谱都有色斑,图像中色彩变化的完整性与流畅性被破坏。而且,不同的故障所对应的色斑也不一样。因此,系统运行的异常状态由系统彩色图谱中的颜色变化直观地显示出来。由于人眼对于色彩变化的敏感度远远高于对于数字变化的敏感度,因此通过将 DCS 监控数据集映射为系统彩色图谱,可以实现 DCS 监控数据集的单屏幕显示。

如图 5-3 所示,由于数据的多源性,部分有故障的 TEP 系统彩色图谱中的色彩异常变化并不明显,人眼难以将有故障的系统彩色图谱与无故障的系统彩色图谱分辨出来,故障识别率仅为 47.62%。

归一化系统彩色图消除了数据的多源性对于系统分析的影响,如图 5-4 所示。经过数据归一化后,由于数据的多源性所造成的数据间的绝对值差异被消除,数据的变化信息更加准确地展现了出来。对比图 5-4 与图 5-3,可以观察到经过数据归一化处理后的系统彩色图谱将数据变化的差异以色彩变化的形式更加准确地展现了出来。更多的有故障数据的系统彩色图谱表现出了与无故障数据系统彩色图谱的差异性。人眼可以准确地辨识的有故障系统彩色图谱增多,故障识别率升高到 76.19%。数据的归一化仅仅消除了多源性对数据的影响,虽然相比未经过任何处理的原始的系统彩色图谱提高了故障识别率,但是仍然有人眼无法分辨的故障图谱。如图 5-3 所示,故障模式 3,9,15,16,19 的系统彩色图谱与无故障系统彩色图谱难以用人眼区分,因此无法辨识出故障。

仔细观察故障模式 3,9,15,16,19 的系统彩色图谱可以发现,图谱中的色彩变化频率都非常高,说明数据中存在大量的高频信息。这些高频信息包含两类:一类是系统自身的固有的高频信息,另外一类则是噪声。为了进一步提高故障识别率,必须将系统自身的高频信息与噪声信息区别开来。利用我们在第 4 章数据预处理中的系统彩色图谱二维小波降噪的方法,对已经归一化的系统彩色图谱作降噪处理,消除系统噪声,保留系统高频信息,得到

TEP 的 21 个典型故障模式的系统彩色图谱,如图 5-5 所示。经过数据降噪后,故障模式 3,9,15,16,19 的系统彩色图谱与无故障系统彩色图谱有了明显的区别,人眼可以很容易辨识出来,故障识别率达到率 85.71%。

图5-3 TEP的21个典型故障模式的系统彩色图谱

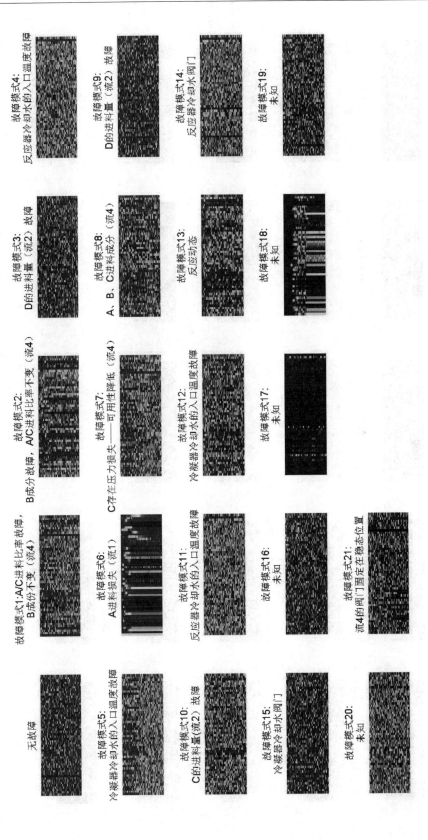

图5-4　TEP的21个典型故障模式的归一化系统彩色色图谱

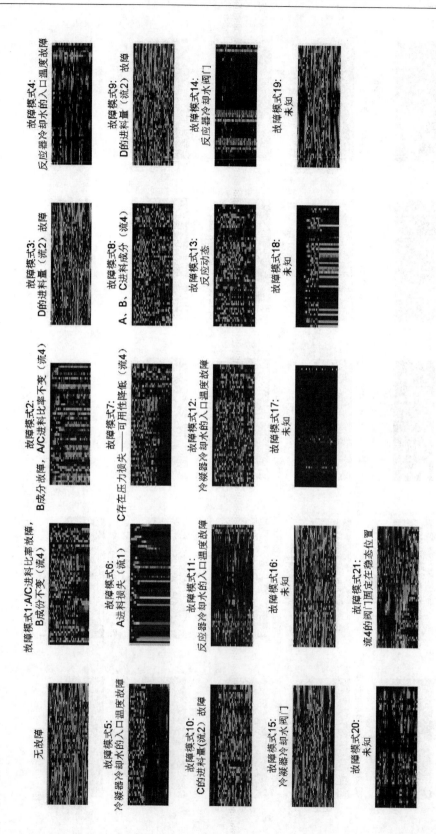

图5-5 TEP的21个典型故障模式降噪后的系统彩色图谱

　　面向人机交互的系统彩色图谱的系统故障模式识别方法利用人眼对于色彩变化的敏感性远远高于数字变化的这一生理特性,以无故障系统彩色图谱为判断标准,将与无故障彩色图谱的色彩变化明显不同点的系统彩色图谱挑出,达到了故障辨识的目的。随着对 DCS 监测数据集的数据处理程度的加强,三类系统彩色图谱:未经处理的系统彩色图谱、归一化的系统彩色图谱、降噪的系统彩色图谱对于 TEP 的 21 个故障模式的辨识率迅速上升,直至达到 100%,具体的故障辨识情况如表 5-1 所示。

表 5-1　三类系统彩色图谱对 TEP 故障的辨识情况

故障模式	原始彩色图谱	归一化彩色图谱	降噪彩色图谱
故障模式 1	可辨识	可辨识	可辨识
故障模式 2	可辨识	可辨识	可辨识
故障模式 3	不可辨识	不可辨识	不可辨识
故障模式 4	不可辨识	可辨识	可辨识
故障模式 5	可辨识	可辨识	可辨识
故障模式 6	可辨识	可辨识	可辨识
故障模式 7	可辨识	可辨识	可辨识
故障模式 8	可辨识	可辨识	可辨识
故障模式 9	不可辨识	不可辨识	不可辨识
故障模式 10	可辨识	可辨识	可辨识
故障模式 11	不可辨识	可辨识	可辨识
故障模式 12	可辨识	可辨识	可辨识
故障模式 13	可辨识	可辨识	可辨识
故障模式 14	不可辨识	可辨识	可辨识
故障模式 15	不可辨识	不可辨识	可辨识
故障模式 16	不可辨识	不可辨识	不可辨识
故障模式 17	不可辨识	可辨识	可辨识
故障模式 18	可辨识	可辨识	可辨识
故障模式 19	不可辨识	不可辨识	可辨识
故障模式 20	不可辨识	可辨识	可辨识
故障模式 21	不可辨识	可辨识	可辨识
故障识别率	47.62%	76.19%	85.71%

　　面向人机交互的基于系统彩色图谱的故障辨识方法将流程工业生产系统在全生命周期积累的 DCS 历史数据集被以数字图像的形式重新构造,利用本书提出的系统彩色图谱构造

方法生成了以时间为轴的系统彩色图谱序列。系统彩色图谱将深藏在数据内部的系统动态运行规律转变为数字彩色图像，以色彩变化的形式直观地反映出来，避免了传统多变量数据分析与故障模式识别技术中复杂的数学运算。同时，通过对于数据的归一化和降噪处理，消除了影响监测变量多源性和系统噪声对故障识别的影响，极大地提高了故障辨识精度。

5.2　基于系统故障图谱的故障识别方法

系统故障图谱的横轴代表系统的监测点，纵轴代表采样时间，白色代表系统 DC 值处于正常状态，黑色代表 DCS 监测值处于异常状态。由于代表故障的黑色像素在白色的背景下非常醒目，如图 5-6 所示。

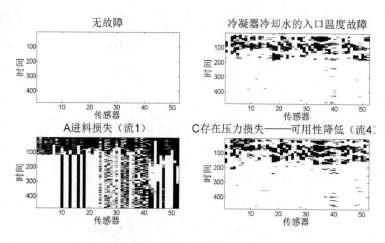

图 5-6　系统故障图谱

图 5-6 中的系统故障图谱是根据本书所提出的系统故障图谱构造方法，分别由 TEP 无故障数据与 3 个典型的故障数据生成的。如图 5-6 所示，当系统运行正常时，所有的监测数据都被染成白色，其所对应的故障图谱是一张纯白的图像。若系统出现异常，则对应的监测数据值由白色变为黑色，故障图谱上出现黑点。监测数据出现异常越多，则与之对应的系统故障图谱上的黑点越多。同时，根据系统故障图谱出现的黑点在横轴的位置，可以迅速定位出现故障的监测变量。当出现数据异常的监测变量是多个，而且分布在不同子系统中时，利用系统故障图谱的定位作用尤其有效。因此，利用系统故障图谱可以快速监测到系统的故障点，实现故障的快速定位与溯源。

TEP 的 21 个典型故障数据生成的系统故障图谱如图 5-7 所示。无故障的数据的系统故障图谱是一张纯白色的图像，而所有故障的数据包生成的系统故障图谱上都出现了代表监测变量故障的黑色像素点，故障辨识率为 100%。由图 5-7 可知，故障模式 1、故障模式 2、故障模式 6、故障模式 7、故障模式 8、故障模式 12、故障模式 13 和模式 18 的系统故障图谱中黑色像素点较多，表明对应的系统监测变量异常度较大，属于比较容易辨识的全系统性故障。而其他的故障模式所对应的系统故障图谱上的黑色像素点较少，说明是局部设备的故障，相对比较不易辨识。

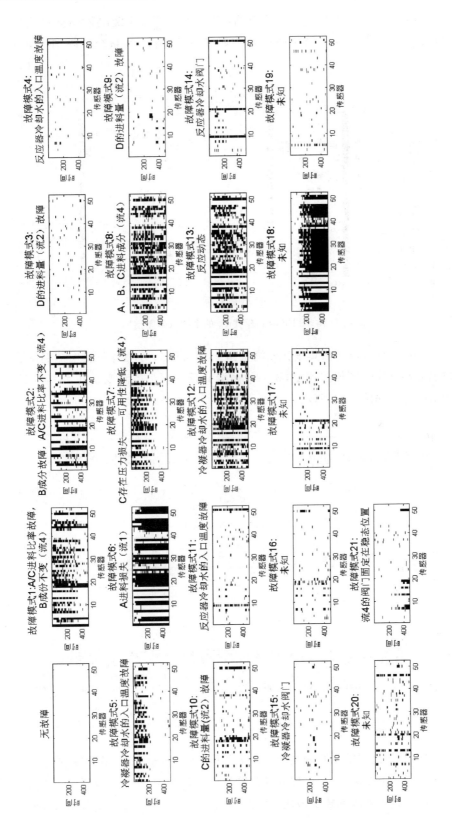

图5-7　TEP的21个典型故障模式的系统故障图谱

我们以故障模式 14 的系统故障图谱为例,说明如何根据系统故障图谱定位故障源。故障模式 14 是由于反应器冷却水阀门被粘住而导致的故障,其系统故障图谱如图 5-8 所示。

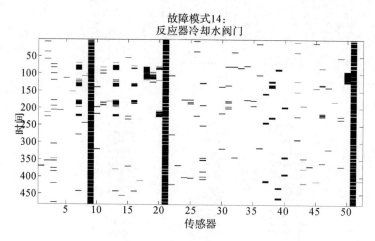

图 5-8　TEP 故障模式 14 的系统故障图谱

如图 5-8 所示,异常监测值集中在监测变量 9,21 和 51,分别对应反应器温度、反应器冷却水出口温度和反应器冷却水流量,说明故障源是反应器。监测变量 9,21 和 51 的时序图与正常阈值的对比如图 5-9 所示。

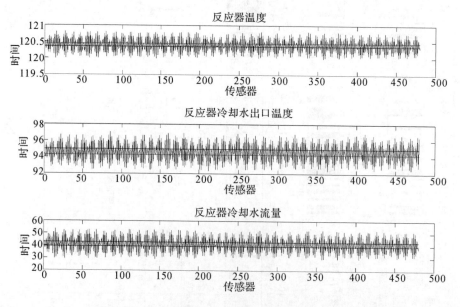

图 5-9　TEP 故障模式 14 的故障变量时序与阈值对比

图 5-9 中的红线是正常监测变量值的上下阈值线,蓝线是 TEP 故障模式 14 的三个异常变量的时间序列。根据图 5-8 定位的异常监测变量和图 5-9 中异常监测变量对应的时间序列,结合专业知识,可以判断出造成故障的原因是由于反应器冷却水阀门被粘住。

5.3　各种故障辨识方法的对比

经典的基于数据驱动故障模式方法有 PCA,动态主元分析(Dynamic Principal Component Analysis,DPCA)和规范变量分析(Canonical variate analysis,CVA),定量指数有统计量 T^2 和统计量 Q。PCA,DPCA 和 CVA 都是经典的数据驱动故障辨识技术,全部都是基于降维技术的多变量统计方法,其对于 TEP 的 21 种典型故障模式的具体辨识情况如表 5-2 所示[18]。

表 5-2　经典的基于数据驱动故障模式方法对于 TEP 故障的识别情况

故障模式	PCA T^2	PCA Q	DPCA T^2	DPCA Q	CVA T_S^2	CVA T_r^2	CVA Q
故障模式 1	可辨识	可辨识	可辨识	可辨识	可辨识	可辨识	可辨识
故障模式 2	可辨识	可辨识	可辨识	可辨识	可辨识	可辨识	可辨识
故障模式 3	不可辨识	不可辨识	不可辨识	不可辨识	不可辨识	不可辨识	不可辨识
故障模式 4	不可辨识	可辨识	可辨识	可辨识	不可辨识	可辨识	不可辨识
故障模式 5	不可辨识	不可辨识	不可辨识	不可辨识	可辨识	可辨识	可辨识
故障模式 6	可辨识	可辨识	可辨识	可辨识	可辨识	可辨识	可辨识
故障模式 7	可辨识	可辨识	可辨识	可辨识	不可辨识	可辨识	不可辨识
故障模式 8	可辨识	可辨识	可辨识	可辨识	可辨识	不可辨识	不可辨识
故障模式 9	不可辨识	不可辨识	不可辨识	不可辨识	不可辨识	不可辨识	不可辨识
故障模式 10	不可辨识	不可辨识	不可辨识	不可辨识	不可辨识	不可辨识	不可辨识
故障模式 11	不可辨识	不可辨识	不可辨识	不可辨识	不可辨识	不可辨识	不可辨识
故障模式 12	可辨识	可辨识	可辨识	可辨识	可辨识	可辨识	可辨识
故障模式 13	可辨识	可辨识	可辨识	可辨识	可辨识	可辨识	可辨识
故障模式 14	不可辨识	可辨识	可辨识	可辨识	可辨识	可辨识	可辨识
故障模式 15	不可辨识	不可辨识	不可辨识	不可辨识	不可辨识	不可辨识	不可辨识
故障模式 16	不可辨识	不可辨识	不可辨识	不可辨识	不可辨识	不可辨识	不可辨识
故障模式 17	不可辨识	可辨识	可辨识	可辨识	可辨识	可辨识	可辨识
故障模式 18	可辨识	可辨识	可辨识	可辨识	可辨识	可辨识	可辨识
故障模式 19	不可辨识	不可辨识	不可辨识	不可辨识	不可辨识	可辨识	不可辨识
故障模式 20	不可辨识	不可辨识	不可辨识	不可辨识	不可辨识	可辨识	不可辨识
故障模式 21	不可辨识	不可辨识	不可辨识	不可辨识	不可辨识	不可辨识	不可辨识
故障识别率	38.10%	52.38%	38.10%	52.38%	47.62%	71.43%	42.86%

由表 5-2 可知,经典数据驱动故障辨识方法对于 TEP 的 21 中典型故障模式的最高辨识率为 71.43%,低于仅仅做过数据归一化而未曾进行降噪处理的系统彩色图谱的故障识别率 76.19%。如表 5-2 所示,所有的经典数据驱动故障辨识方法都无法辨识故障模式 3、故障模式 9、故障模式 11、故障模式 15 和故障模式 21,综合表 5-2 所有方法的故障辨识率为76.19%,与归一化系统彩色图谱方法相同。因此,所提出的基于系统图谱的方法对 TEP 故障模式的辨识情况与经典方法的对比如表 5-3 所示。

表 5-3 系统图谱方法与经典数据驱动方法对 TEP 故障辨识率对比

故障模式	经典方法	原始彩色图谱	归一化彩色图谱	降噪彩色图谱	系统故障图谱
故障模式 1	可辨识	可辨识	可辨识	可辨识	可辨识
故障模式 2	可辨识	可辨识	可辨识	可辨识	可辨识
故障模式 3	不可辨识	不可辨识	不可辨识	不可辨识	可辨识
故障模式 4	可辨识	不可辨识	可辨识	可辨识	可辨识
故障模式 5	可辨识	可辨识	可辨识	可辨识	可辨识
故障模式 6	可辨识	可辨识	可辨识	可辨识	可辨识
故障模式 7	可辨识	可辨识	可辨识	可辨识	可辨识
故障模式 8	可辨识	可辨识	可辨识	可辨识	可辨识
故障模式 9	不可辨识	不可辨识	不可辨识	不可辨识	可辨识
故障模式 10	可辨识	可辨识	可辨识	可辨识	可辨识
故障模式 11	不可辨识	不可辨识	可辨识	可辨识	可辨识
故障模式 12	可辨识	可辨识	可辨识	可辨识	可辨识
故障模式 13	可辨识	可辨识	可辨识	可辨识	可辨识
故障模式 14	可辨识	不可辨识	可辨识	可辨识	可辨识
故障模式 15	不可辨识	不可辨识	不可辨识	可辨识	可辨识
故障模式 16	可辨识	不可辨识	不可辨识	不可辨识	可辨识
故障模式 17	可辨识	不可辨识	可辨识	可辨识	可辨识
故障模式 18	可辨识	可辨识	可辨识	可辨识	可辨识
故障模式 19	可辨识	不可辨识	不可辨识	可辨识	可辨识
故障模式 20	可辨识	不可辨识	可辨识	可辨识	可辨识
故障模式 21	不可辨识	不可辨识	可辨识	可辨识	可辨识
故障识别率	76.19%	47.62%	76.19%	85.71%	100.00%

显然,以 TEP 仿真数据包标准,系统图谱方法的故障辨识率明显优于经典数据驱动故障辨识方法。

5.4　本 章 小 结

本章以 TEP 仿真系统生成的监测数据集为实例,结合第 2 章所提出的系统图谱的构造方法以及第 4 章的数据预处理方法,提出了一种新的基于数据可视化技术,面向人机交互的系统故障识别技术,并与经典的数据驱动故障识别方法做了对比。

本章提出的基于系统故障图谱面向人机交互的系统故障识别技术分为两大类:基于系统彩色图谱的故障识别技术和基于系统故障图谱的故障识别技术。其中,基于系统彩色图谱的故障识别技术利用数字图像的像素所特有的高度的关联性和耦合性将系统多变量之间的非线性、高耦合性关系通过图像直观地反映出来,利用数据所构成的彩色图谱直观、形象的表示系统的状态,由此把握系统的整体变化情况。基于系统彩色图谱的故障识别技术将无故障数据生成的彩色图谱当作标准图谱,作为故障识别的判断标准。通过人眼观察各个数据包生成的彩色图谱与标准图谱的颜色差异来判断数据是否出现异常。基于系统彩色图谱的故障识别技术根据系统实际工艺参数将监测数据值划分为正常和异常两类,选择对比度最强烈的黑色与白色将属于不同类别的数据值染上不同的颜色,使得异常数据在系统故障图谱上清晰、醒目,使得针对 TEP 仿真系统的故障识别率达到了 100%。

综上所述,本章所提出的故障识别方法是面向人机交互的故障识别方法,通过人眼对系统图谱的观察达到故障识别的目的。相比传统的数据驱动故障识别方法,本章所提出的方法避免的多变量统计方法中的降维问题和复杂的数学运算,利用了人类的生理特点,将故障识别率提升到了最高值。

第6章　面向计算机自动分析的系统健康状态分析方法研究

DCS 监测数据集经过分割、排布、着色和绘图所生成的系统故障图谱将复杂机电系统中数以千计的传感器上传的监测信息以数字图像的形式完整地展示出来,提高了系统在线监控效率。但是,不同的人对于色彩变化的敏感度有很大的差异,而且对于色彩变化规律与系统状态间联系的解读方式更多地取决于操作人员的经验,导致数据图谱人机交互形式的在线监控方法人因过重。由于系统积累下来的数据的海量性,即使将 DCS 监测数据构造为系统图谱,人工分析也难以胜任从数以千计的图谱中提取系统的运行信息。因此,利用数字图像处理技术自动分析 DCS 监测数据集生成的系统图谱,提取有用信息就成了必然的选择。

6.1　系统运行健康状态分析的基本内涵

流程工业的代表——化工生产的原料、半成品和成品具有易燃、易爆、易挥发、剧毒、腐蚀性,生产过程复杂、环境影响大等特点[83],一旦生产过程中的能量失控,将很可能造成巨大的财产损失,人员伤亡,环境破坏,恶劣的社会效应和国际影响[84]。所以,面对如此庞大的装置生产系统,针对生产系统构成要素进行分类以及系统本身要素进行研究,确定影响系统整体性、稳定性、可靠性指标,并建立一套完整、科学、全面的系统要素分析以及系统可靠性评价方案,以此来指导工程项目的安全顺利运行显得尤为重要[85]。系统学原理认为,世界上的各种对象都是由具有内在联系的各个部分组成的有机整体。整体的效果和功能不仅取决于其组成部分的效果和功能,还依赖于各部分之间的相互作用,并且受外部环境的影响。除了有确定的因素可以决定系统状态之外,还有许多不确定的矛盾因素。能否及时了解、准确掌握和正确处理所有影响系统动态特性的确定或不确定因素,是分析系统运行状态,实现安全生产的关键。因此,对于分布式复杂机电系统的运行健康状态不能仅仅分析各个设备独自的运行状态,还要考虑它们相互之间的影响,是一个安全系统工程问题。

系统安全工程师运用系统论的观点和方法,结合工程学原理及有关专业知识来研究生产管理和工程的学科,是系统工程的一个分支。

安全系统工程是指应用系统工程的基本原理和方法,辨识、分析、评判、排除和控制系统中的各种危险,对工艺过程、设备、生产周期和资金等因素进行分析评价和综合处理,使系统可能发生的故障得到控制,并使系统安全性达到最佳状态的一门综合性技术学科。安全系统工程的一般步骤如图 6-1 所示。

安全系统工程的理论基础是安全科学和系统科学,追求的是整个系统或系统运行全过程的安全,核心是危险因素识别、分析,系统风险评价,系统安全决策和事故控制,目标是将系统风险控制在人们可控的范围以内。

6.2　数字图像的逻辑运算

　　流程工业的安全系统工程建立在及时准确提取系统运行数据的有用信息,并快速进行分析、判断的基础之上。为了快速有效地实现系统运行健康状态分析,在第 2 章中我们将 DCS 监测数据集映射到 RGB 色彩相空间中,通过对数据集的排布和着色,构造了反映系统动态特性的系统彩色图谱,利用人眼对色彩变化敏感度高的生理特性,实现了系统状态的单屏显示技术,通过人机交互,实现了企业级系统健康状态的操作人员在线监控。但是,对于色彩变化的敏感度、反应时间、决策水平等都和操作人员的经验密切相关。而且由于 DCS 监测数据集的海量性,导致其生成的系统彩色图谱也是数以千计,操作人员难以准确记忆不同系统彩色图谱之间的差异性。

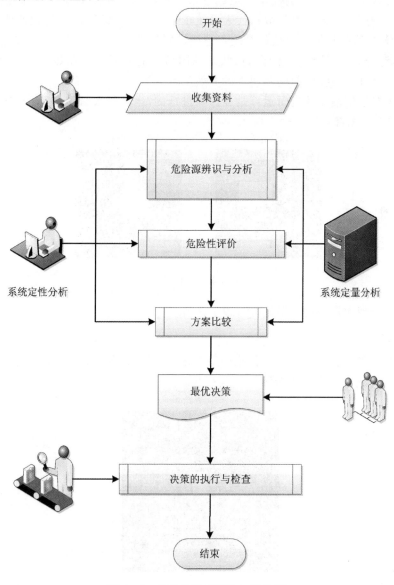

图 6-1　安全系统工程的一般步骤

如图 6-1 所示,将 DCS 监测数据集转化为系统彩色图谱才完成了安全系统工程的第一步,即收集资料阶段。安全系统工程的系统分析阶段有三个步骤,包括危险源辨识与分析、危险性评价和方案比较。本书提出的基于系统彩色图谱的在线监测方法就是一种系统定性分析方法。面向操作人员的在线监测技术将危险源辨识与分析、危险性评价和方案比较的任务全部交给了人来完成,没有任何定量分析参与决策,因此人因成分过高,不符合安全系统工程的要求。为了充分高效利用系统彩色图谱,准确分析系统运行健康状态,需要依据安全系统工程的原则,引入定量分析的方法,将定性分析与定量分析相结合。系统彩色图谱是二维真彩数字图像,可以利用数字图像处理技术分析颜色的变化规律,从中提取系统动态运行信息。因此,本节将采用数字图像处理技术分析系统彩色图谱,为系统定量分析阶段的危险源辨识与分析和危险性评鉴提供分析的方法和手段。

正常运行状态下 DCS 监测数据集生成的系统彩色图谱集反映了系统平稳运行时的数据变化特征,具有共性,需要定量分析代表系统正常运行状态的图谱集的相似性。而非正常运行状态下 DCS 监测数据集生成的系统彩色图谱则反映系统出现异常时的数据动态特性,需要定量分析其与代表系统正常与运行状态的图谱间的差异度。在数字图像处理中,图像的逻辑运算正是分析两幅图像间相似度的有效工具[86,87]。

数字图像对于整幅图的逻辑运算是逐像素进行的,运算每次只涉及一个空间像素位置。p 和 q 为两幅数字图像,如图 6-2 所示。

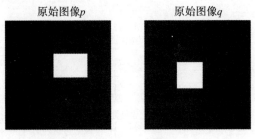

图 6-2　原始图像

数字图像处理中常用的逻辑运算有以下几种。

1. 与运算

图像 p 与图像 q 在同一位置处值相同的像素点置 1,值不同的像素点置 0,记为 $p\text{AND}q$(也可以写为 $p\cdot q$),如图 6-3 所示。

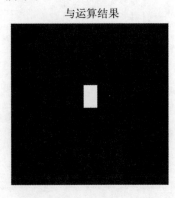

图 6-3　图像与运算

2. 或运算

图像 p 与图像 q 在同一位置处,像素点的值有一个不为 0 则置 1,否则置 0,记为 p OR q（也可以写为 $p+q$）,如图 6-4 所示。

与运算结果

图 6-4　图像或运算

3. 补运算

图像同某点的像素值不为 1 则置 0,否则置 1,记为 NOT q（也可以写为 $\bar{q}$）,如图 6-5 所示。

图像 p 的补运算结果　　　　　图像 q 的补运算结果

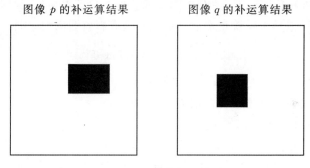

图 6-5　图像补运算

4. 异或运算

图像 p 与图像 q 在同一位置处像素值相同则置 1,否则置 0,记为 p XOR q（也可以写为 $p \oplus q$）,如图 6-6 所示。

异或运算结果

图 6-6　图像异或运算

本研究的系统状态分析中需要使用的是与运算和异或运算。

6.3 基于数字图像处理技术的系统安全定量分析方法

6.3.1 基于系统彩色图谱的系统异常度定量分析

我们认为可以将系统的运行状态简单地分为正常和异常两类。表示系统正常运行状态的系统彩色图谱为

$$\Gamma^N = \{\Gamma_k \,|\, \Gamma_k \text{ is normal status}\} \tag{6-1}$$

表示系统异常运行状态的系统彩色图谱为

$$\Gamma^A = \{\Gamma_k \,|\, \Gamma_k \text{ is abnormal status}\} \tag{6-2}$$

根据系统运行状态,系统彩色图谱序列中与正常运行状态相对应的系统彩色图谱,构成反映系统正常运行状态的系统正常状态彩色图谱集 Γ^N。

为了分析结果的准确性,系统健康运行状态所采用的系统彩色图谱序列需要先经过预处理的。数据预处理使用的算法在第 4 章中有详细的介绍。

定义 6-1 基准彩色图谱 Γ_{std} 利用图像处理技术与逻辑运算,提取系统正常状态彩色图谱集 Γ^N 的特征,构造反映系统正常运行状态的基准彩色图谱 Γ_{std},即

$$\Gamma_{std} = \bigcap_{k=1}^{\kappa} \Gamma_k, \text{ where} \Gamma_k \in \Gamma^N \tag{6-3}$$

构造系统基准彩色图谱 Γ_{std} 的算法流程图如图 6-7 所示。

算法 6-1 构造系统基准彩色图谱 Γ_{std} 的算法。

输入:DCS 监测数据集。

输出:基准彩色图谱 Γ_{std}。

初始化设定:$i=1$,其中 i 代表程序正在处理的彩色图谱在系统彩色图谱集中的标号。

具体步骤如下:

第一步:初始化。

(1)$i=1$;

(2)读入 DCS 监测数据集。

第二步:根据第 3 章提出的数据预处理算法,构造经过数据预处理的系统彩色图谱集 $P(K)$,其中彩色图谱集中包含的图谱个数为 K。

第三步:取出系统彩色图谱集中的第 i 个彩色图谱 P_i。

第四步:根据企业的生产工况判断彩色图谱 P_i 所代表的系统运行状态。若彩色图谱 P_i 代表系统正常运行状态,则执行第五步;若彩色图谱 P_i 代表系统异常运行状态,则 $i=i+1$,执行第三步。

第五步:将彩色图谱 P_i 加入到正常状态系统内彩色图谱集 N 中。

第六步:判断是否已经遍历系统彩色图谱集 $P(K)$。若尚未遍历系统彩色图谱集 $P(K)$,则 $i=i+1$,执行第三步;若已经遍历系统彩色图谱集 $P(K)$,则执行第七步。

第七步:将正常状态系统内彩色图谱集 N 中的图谱按照式(6-3)作逻辑与运算,最终得到基准彩色图谱 Γ_{std},程序结束。

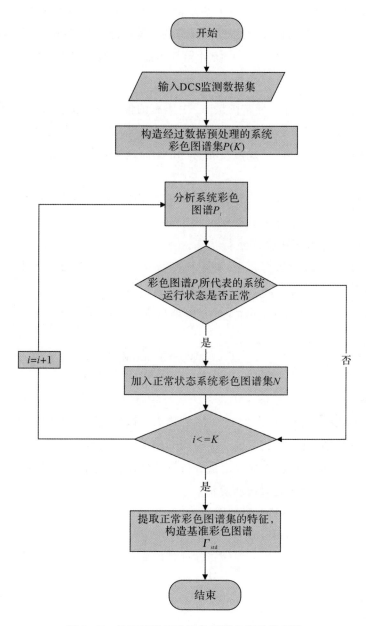

图 6 - 7　构造系统基准彩色图谱的算法流程图

　　基准彩色图谱 Γ_{std} 提取了系统正常状态彩色图谱集 Γ^N 中有图谱的共同特征,从而得到了系统正常运行时反映在彩色图谱中的色彩变化规律,为系统运行状态异常分析建立了评定标准。

　　将新生成的系统彩色图谱序列 Γ_k 与基准彩色图谱 Γ_{std} 作比较,计算待比较的彩色图谱 Γ 与基准彩色图谱 Γ_{std} 的差异度,就可以得出待评定的系统运行状态的异常程度。

　　定义 6 - 2　异常图谱 Λ_k　计算系统彩色图谱 Γ_k 与系统正常运行状态的偏离程度为

$$\Lambda_k = \Gamma_{\text{std}} \bigoplus \Gamma_k, \quad k \in 1, \cdots, \kappa \tag{6-4}$$

显然,异常图谱 Λ_k 中每个像素点的值都代表了系统运行状态与正常状态的差异程度。异常图谱 Λ_k 中的像素值的总和越大,则说明其反应的系统运行状态与正常状态的偏离度越高。

定义 6-3 危险度指标 $W_k(\Lambda_k)$ 统计异常图谱 Λ_k 中像素值的总和为

$$W_k(\Lambda_k) = \sum P_i, \quad P_i = \text{pixel Value}, \quad P_i \in \Lambda_k \tag{6-5}$$

危险度指标 $W_k(\Lambda_k)$ 统计了异常图谱 Λ_k 中所有的像素值。由于异常图谱 Λ_k 每个像素值代表了系统在该采样点上的异常程度,因此危险度指标 $W_k(\Lambda_k)$ 量化了与待测时间段内的系统总体异常程度 $W: \Lambda_k \rightarrow W_k$。危险度指标 $W_k(\Lambda_k)$ 越大,说明系统运行状态的异常程度越高。

利用异常图谱 Λ_k 为基线,分析 DCS 历史数据集构造的系统彩色图谱序列集,计算系统在整个生命周期中的危险度指标序列 $\boldsymbol{W} = [W_1(\Lambda_1), W_2(\Lambda_2), \cdots, W_k(\Lambda_k) \cdots, W_\kappa(\Lambda_\kappa)]$,则可以得到系统在整个生命周期的系统运行状态。

为了更好地说明系统的运行状态,利用模糊数学中的扎德隶属度函数[88],将危险度指标 $W_k(\Lambda_k)$ 反向投影到 0-1 区间,以便得出系统运行的正常程度。

定义 6-4 正常程度函数 memFun:根据危险度指标 $W_k(\Lambda_k)$ 计算系统正常程度函数为

$$\text{memFun} = \left[1 + \left(\frac{W_k - \text{mean}(W_k)}{\sqrt{\sigma(W_k)}} \right)^2 \right]^{-1} \tag{6-6}$$

正常程度函数 memFun 数值 1 代表系统运行状态完全正常,系统中所有设备均处于良好的工作状态;0 代表系统彻底崩溃,处于停机状态。以系统采样时间为 X 轴,以正常程度函数 memFun 为 Y 轴,可以得到系统全生命周期的动态运行规律。

基于系统彩色图谱的系统正常度定量分析算法的流程如图 6-8 所示。

算法 6-2 系统正常度定量分析算法。

输入:DCS 监测数据集;基准彩色图谱 Γ_{std}。

输出:正常程度函数 memFun。

初始化设定:$i=1$,其中 i 代表程序正在处理的彩色图谱在系统彩色图谱集中的标号。

具体步骤如下:

第一步:初始化。

(1)$i=1$;

(2)读入 DCS 监测数据集;

(3)读入基准彩色图谱 Γ_{std}。

第二步:根据第 3 章提出的数据预处理算法,构造经过数据预处理的待计算的系统彩色图谱集 $P(K)$,其中彩色图谱集中包含的图谱个数为 K。

第三步:取出待计算系统彩色图谱集中的第 i 个彩色图谱 P_i。

第四步:根据式(6-4)计算异常图谱 Λ_i。

第五步:根据式(6-5)计算危险度指标 $W_k(\Lambda_k)$。

第六步:根据式(6-6)计算正常程度函数 memFun,程序结束。

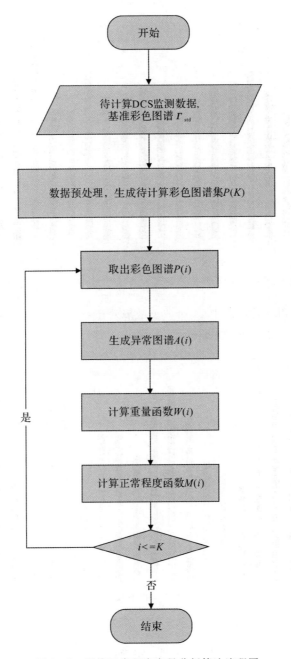

图 6-8 系统正常程度定量分析算法流程图

为了验证算法 6-2,以 TEP 仿真系统数据集为例,根据危险度指标 $W_k(\Lambda_k)$,分别计算 TEP 仿真系统中 21 个典型故障各自的危险度指标,如图 6-9 所示。

TEP 系统中 21 个典型故障对于系统的运行状态的影响是不同的。如图 6-9 所示,在已知故障模式中,故障 5 对应的冷凝器冷却水入口温度故障和故障 14 反应器冷却水阀门被黏住的危险度指标最高,说明这两个故障对于系统的健康运行的危害称度最大,21 个典型故障的严重程度以及对系统正常运行的影响可以从图 6-9 中很容易地观察出来。

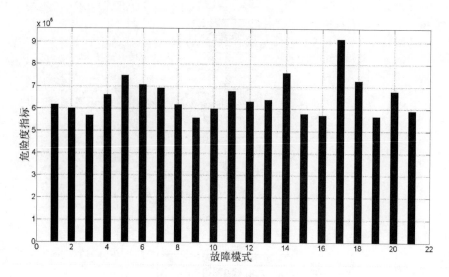

图 6-9　田纳西仿真系统 21 个典型故障的危险度指标

为了更好地说明田纳西系统中 21 个典型故障对于系统的影响,可以采用它们的危险度指标 $W_k(\Lambda_k)$ 投影到 0-1 区间,如图 6-10 所示。

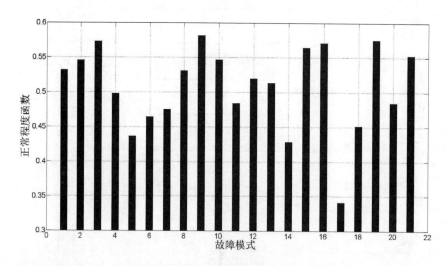

图 6-10　田纳西仿真系统 21 个典型故障的正常程度函数 memFun

正常程度函数 memFun 的值域为[0,1]。正常程度函数 memFun 的值越接近 1,说明系统健康运行状态越好;正常程度函数 memFun 的值越接近 0,说明系统健康运行状态越差。从图 6-10 中可以看出,所有故障数据集的正常程度均低于 0.6,说明正常程度函数 mem-Fun 有效地反映了故障数据集所蕴含的系统运行状态的异常度。

传统的多变量统计方法中用来衡量系统运行状态的统计量有两个:Hotelling 统计量 T^2 和统计量 Q。Hotelling 统计量 T^2 是数据矩阵 $\boldsymbol{X}$ 的协方差矩阵分解得到的。具体步骤如下:

由数据矩阵 $\boldsymbol{X}$ 的协方差矩阵

$$\boldsymbol{S} = \frac{1}{m-1}\boldsymbol{X}^{\mathrm{T}}\boldsymbol{X} \tag{6-7}$$

分解为

$$S = V\Lambda V^{\mathrm{T}} \tag{6-8}$$

式(6-8)中,Λ 是对角矩阵,V 是单位矩阵($I = V^{\mathrm{T}} V$,I 是单位矩阵)。若 S 正定且可逆,有

$$z = \Lambda^{\frac{1}{2}} V^{\mathrm{T}} x \tag{6-9}$$

则 Hotelling 的 T^2 统计量定义为

$$T^2 = z^{\mathrm{T}} z \tag{6-10}$$

若 T^2 统计量可以分解为

$$T^2 = X^{\mathrm{T}} V (\Sigma^{\mathrm{T}} \Sigma) V^{\mathrm{T}} x \tag{6-11}$$

将只有 α 个最大奇异值的相关联的负荷向量包含在矩阵 P 中,即

$$T^2 = X^{\mathrm{T}} P \Sigma_\alpha^{-2} P^{\mathrm{T}} x \tag{6-12}$$

则有 Q 统计量为

$$Q = r^{\mathrm{T}} r \tag{6-13}$$

式(6-13)中,$r = (I - PP^{\mathrm{T}}) x$。

为了说明利用正常程度函数判断系统健康运行状态的有效性,我们将 TEP 的 21 个典型故障的正常程度函数 memFun 与传统的多变量方法的统计量作对比,如图 6-11 所示。

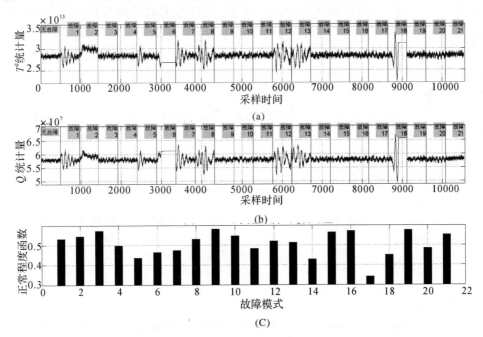

图 6-11　系统彩色图谱分析方法与传统多变量统计方法的对比
(a)TEP 21 个典型故障的 T^2 统计量;(b)TEP 21 个典型故障的 Q 流计量;
(c)TEP 21 个典型故障的正常程度函数

图 6-11(a)和(b)显示,与无故障数据的 T^2 统计量和 Q 统计量相比,故障模式 1、故障模式 2、故障模式 5、故障模式 8、故障模式 12、故障模式 13 和故障模式 18 的 T^2 统计量和 Q 统计量有明显不同,表示可以通过分析统计量的阈值来识别故障,故障识别率为 42.85%。而且,如图 6-11(c)所示,通过分析系统彩色图谱与无故障标准彩色图谱的异常度得到的正

常程度函数 memFun 全部小要于 0.6,全部可以被识别。

6.3.2 基于系统故障图谱的企业级故障模式识别技术

第 3 章中提出了一种基于系统正常运行空间构造系统故障图谱的方法。将反映系统典型故障的系统故障图谱以 0-1 矩阵的形式存储起来,借用数字图像处理技术中丰富图像匹配算法,可以有效地进行企业级故障模式的快速匹配。本算法的优点是全系统的动态特性以简单的黑白图像形式呈现出来,将复杂的多变量时序数据分析问题变为一个简单的数字图像处理问题,将复杂问题简单化。

通过分析系统故障图谱 P 上黑色斑块的面积、分布规律等,可以直观地判断系统的运行状态以及故障模式,实现故障模式的快速比对和判断。将系统发生中的重大故障时的监测数生成的故障图谱作为标准故障图谱,存入标准故障图谱库中,作为企业级故障模式识别的数据基础。

定义 6-5 故障相似度函数 S_k 利用数字图像处理的图像相关性算法,计算标准故障图谱 P_k 与待匹配的故障图谱 P_{st} 的相似度,即

$$S_k = \mathrm{cor}(P_k, P_{st}) \tag{6-14}$$

故障相似度函数 S_k 量化了标准故障图谱 P_k 与待匹配的故障图谱 P_{st} 的相似程度。故障相似度函数 S_k 越高,说明带故障标准图谱 P_k 与待匹配的故障图谱 P_{st} 的故障模式越相似。

定义 6-6 系统故障图谱库 PBW   收集典型的、经常出现的系统故障的 DCS 数据,并根据构造系统故障图谱的规则,构造系统全生命周期的系统故障图像集 PBW。建立系统标准故障图谱库 PBW,$P_{stk} \in \mathrm{PBW}, k = 1, \cdots, K$ 作为评判依据。

图 6-12 所示将待判断的 DCS 监测数据构造为故障图谱,根据式(6-14)计算故障相似度函数,判定系统故障模式。判定系统故障模式的具体流程,如图 6-12 所示。

算法 6-3 企业级故障模式匹配算法。

输入:DCS 监测数据集;基准彩色图谱 Γ_{std}。

输出:故障模式。

初始化设定:$i = 1$,其中 i 代表程序正在处理的彩色图谱在系统彩色图谱集中的标号。

具体步骤如下:

第一步:初始化。

(1)$i = 1$;

(2)读入 DCS 监测数据集。

第二步:根据第 3 章提出的数据预处理算法,构造经过数据预处理的待计算的系统彩色图谱集 PBW(K),其中彩色图谱集中包含的图谱个数为 K。

第三步:取出待计算系统彩色图谱集中的第 i 个彩色图谱 PBW(i)。

第四步:故障模式匹配。根据式(6-14)计算彩色图谱 PBW(i)与系统故障图谱库内所有图谱的故障相似度函数 S_k,并与给定阈值 S_{thre} 进行比较:若 $S_k > S_{thre}$,则匹配成功,执行第五步;若 $S_k \leqslant S_{thre}$,则匹配失败,执行第七步。

第五步:将 PBW(i)添加到系统故障图谱库中,执行第七步。

第六步:输出故障模式。

第七步：判断是否已经遍历系统彩色图谱集 PBW(K)。若尚未遍历系统彩色图谱集 PBW(K)，则 $i=i+1$，执行第三步；若已经遍历系统彩色图谱集 PBW(K)，则程序终止。

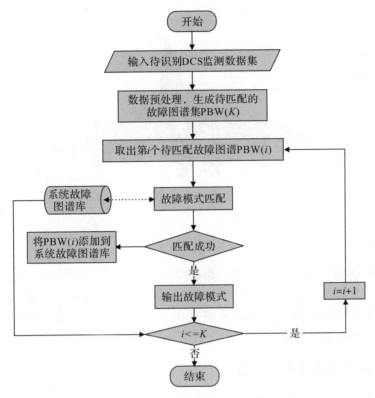

图 6-12　企业级故障模式匹配算法流程图

根据田纳西仿真系统的 21 个典型故障数据，构造的故障图谱库如图 6-13 所示。

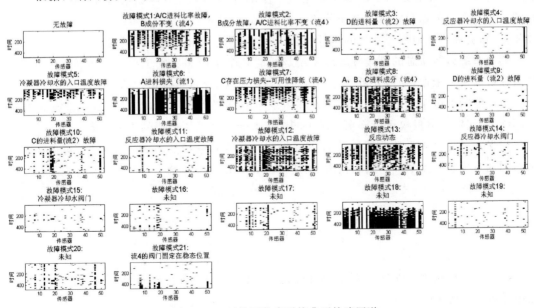

图 6-13　田纳西仿真系统典型故障图谱

根据第 6.3.2 节中提出的故障模式匹配算法,判定系统故障类型如图 6 - 14 所示。

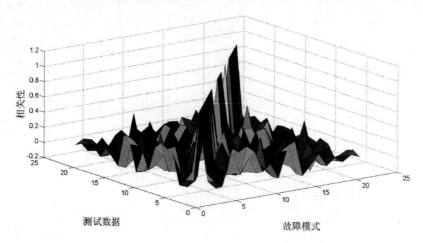

图 6 - 14　故障模式匹配结果

图 6 - 14 中 X 轴代表 TEP 典型故障图谱库,Y 轴代表待匹配的 TEP 监测数据,Z 轴代表模式匹配度。故障模式的排列顺序与典型故障图谱库中故障模式的排列顺序相同。因此,对角线处的故障模式相似度应该是最高的。如图 6 - 14 所示,目标样本接受率为 80.95%,非样本拒绝率为 100%。

6.3.3　企业级系统健康状态评级

仅仅以正常和异常来评价系统的运行状态过于简单,不利于我们准确、全面地了解系统状态,从而采取必要的应对措施。为了能精确地描述系统运行健康状态,评定系统安全运行情况,我们需要对正常运行中的系统做更进一步的分类。系统故障图谱可以很直观地判断系统是否出现故障以及故障的严重程度。因此,我们引入系统健康等级的概念来分析系统故障图谱,更加详细地划分系统的运行状态,并针对不同等级制定不同的管理策略。

划分系统运行状态的健康等级以系统运行时各个生产装置的工况作为评价标准,以系统监测数据集为依据,综合分析系统中所有设备的工况,评定系统运行的健康状态。

由于复杂机电系统中各个生产要素在系统中的重要程度不同,出现问题后造成的影响也不同,我们定义设备权重矩阵来表示不同的生产要素对系统运行的重要程度。

定义 6 - 7　生产要素权重矩阵 $\boldsymbol{W}$　根据生产要素对系统运行的重要程度,对系统中 n 个不同的系统监测点赋予不同的权重,构造一个 $n \times m$ 阶矩阵,即

$$\boldsymbol{W} = \begin{bmatrix} w_{11} & w_{12} & \cdots & w_{1m} \\ w_{21} & w_{22} & \cdots & w_{2m} \\ \vdots & \vdots & & \vdots \\ w_{n1} & w_{n2} & \cdots & w_{nm} \end{bmatrix}_{n \times m} \tag{6-15}$$

将生产要素权重矩阵 $\boldsymbol{W}$ 与系统异常模式矩阵相乘,即可保证越重要的生产要素对系统健康运行状态的影响越大。

定义 6 - 8　系统异常模式权重矩阵 $\boldsymbol{X}_{\mathrm{fw}}$　将系统异常模式矩阵 $\boldsymbol{X}_{\mathrm{f}}$ 与生产要素权重矩阵

W 相乘,即

$$\boldsymbol{X}_{\mathrm{fw}} = \boldsymbol{X}_{\mathrm{f}}\boldsymbol{W} \tag{6-16}$$

即可加入不同生产要素对系统的影响,得到系统异常模式权重矩阵。

定义 6 - 9　危险能量函数 F　$m \times n$ 阶的系统异常模式矩阵 $\boldsymbol{X}_{\mathrm{fw}}$ 中所有元素中故障点占整个矩阵的比例称为危险能量函数,即

$$F = \frac{\displaystyle\sum_{i=1,j=1}^{m,n} x_{ij}}{\displaystyle\sum_{i=1,j=1}^{n,m} w_{ij}}, x_{ij} \in \boldsymbol{X}_{\mathrm{fw}}, w_{ij} \in \boldsymbol{W} \tag{6-17}$$

式(6 - 17)中, $\boldsymbol{X}_{\mathrm{fw}}$ 为 $m \times n$ 阶的系统异常模式矩阵, $\boldsymbol{W}$ 为 $n \times m$ 阶生产要素权重矩阵。由式(6 - 17)可知,危险能量函数 F 越大,系统中的故障点越多,表明故障范围越大,持续时间越长,系统的运行健康状态越糟糕。根据危险能量函数的定义,假定田纳西仿真系统各个监测点对于系统运行状态的影响均相同,计算 21 个典型故障模式的危险能量函数如图 6 - 15所示。

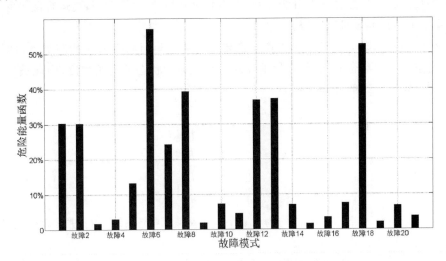

图 6 - 15　TEP 的 21 个典型故障的危险能量函数

图 6 - 15 中田纳西仿真系统的 21 个典型故障模式的危险能量函数直接与图 6 - 13 系统故障图谱中的黑色像素所占的百分比相对应,并未考虑设备权重的影响,反映了系统运行时出现故障的监测点数占总监测点数的百分比。

定义 6 - 10　系统健康状态分级函数 D　以系统监测数据集构造的数据矩阵 $\boldsymbol{X}$ 为自变量,以系统健康状态等级为函数值,则系统健康状态分级函数为

$$D(\boldsymbol{X}) = \begin{cases} 5 \\ 4 \\ 3 \\ 2 \\ 1 \end{cases} \tag{6-18}$$

如式(6-18)所示,以系统中所有设备均正常运行为最高等级(五级),以系统彻底崩溃,所有设备均停止工作为最低等级(一级),将系统运行健康状态划分为五级,详细描述如表6-1所示。

表 6-1　系统健康运行状况分级

系统运行健康状态等级	分级说明
第五级	完全正常
第四级	部分异常但不影响工作
第三级	异常但只有局部影响
第二级	全局范围内异常
第一级	停车

本节的目的就是构造合适的分级函数 D,以数据矩阵 X 为输入,系统运行健康的等级为输出,计算系统运行健康状态等级。

系统故障能量函数 F 反映了在考虑生产要素对系统运行状态影响的前提下,DCS 数据中异常点占整个数据集合的比例,定量地反映了系统运行状态的健康程度,因此被用来作为系统运行健康状态等级的分级函数 D。

$$D(X)=\begin{cases} 5 & F\leqslant F_{th5} \\ 4 & F_{th5}\leqslant F\leqslant F_{th4} \\ 3 & F_{th4}\leqslant F\leqslant F_{th3} \\ 2 & F_{th3}\leqslant F\leqslant F_{th2} \\ 1 & F\geqslant F_{th1} \end{cases} \tag{6-19}$$

式中,$F_{th5}<F_{th4}<F_{th3}<F_{th2}<F_{th1}$,均为常数,作为阈值,评定系统运行健康运行状态,根据不同的系统生产现状给定。

根据系统运行健康状态分级函数 D,可以得到系统状态评级算法 6-4。

算法 6-4　系统状态评级算法。

第一步:根据 DCS 数据的监测点的阈值范围,构造系统阈值空间 H_{th}。

第二步:根据 DCS 数据矩阵 X 构造系统空间 H。

第三步:根据式(6-20)可以得系统异常模式矩阵

$$X_f = H \bigcap H_{th} \bigcap 0 + \overline{H \bigcap H_{th}} \bigcup 1 \tag{6-20}$$

第四步:根据 DCS 数据监测点所代表的生产要素对系统运行状态的影响构造生产要素权重矩阵 W。

第五步:将生产要素对系统健康运行状态的影响加入系统异常模式矩阵 X_f 中,得到含生产要素权重的系统异常模式权重矩阵 X_{fw},见式(6-16)。

第六步:给定生产运行健康状态评级阈值,根据式(6-19)评定系统运行健康状态。根据系统运行健康状态等级的分级函数 D,以及相应的系统运行健康状态评级算法,可以计算出当系统发生故障时所处的健康等级。

6.4　本章小结

本章以系统故障图谱为研究对象,利用数字图像处理技术,针对系统健康运行状态分析、企业级故障模式识别以及系统健康状态评级问题,分别给出了可以用于计算机自动处理的算法。

系统健康运行状态定量分析方法是基于系统彩色图谱来实现的。首先,通过提取正常运行时对应的系统彩色图谱的颜色特征,构造基准彩色图谱。然后,定义计算待测彩色图谱与基准彩色图谱的异常度,构造异常图谱。通过定义危险度指标,量化异常图谱,从而得到系统异常度的具体数值。为了使不同系统异常度具有可比性,利用模糊数学中的托德隶属度函数,对系统异常度进行归一化处理,构造正常程度函数。最后,根据一段时间内,系统正常程度函数的变化趋势,得到系统健康运行状态的变化趋势。

企业级故障模式识别利用 DCS 历史数据集,将发生典型故障时的 DCS 监测数据转化为系统故障图谱,构造系统故障图谱库。遍历系统故障图谱库,通过将待测试的系统故障图谱与系统故障图谱库中的典型故障图谱进行相似度计算。实现企业级故障模式匹配。

系统健康状态评级是根据安全系统工程中提出的系统安全等级评价标准提出的系统运行健康分级方法。在考虑不同生产要素对系统运行状态的影响的同时,引入了故障能量函数,作为 DCS 数据集的系统健康状态分级函数,实现了系统运行健康分级,并给出了具体算法。本章中所提出的算法,都已经用 TEP 仿真数据集进行了验证。

第7章 企业实际案例

为了验证系统图谱分析方法的有效性,我们将某化工厂空气压缩机组的 DCS 监测集转换为系统图谱,深入分析了其运行健康状态,判定其故障发生的时间和类型。

7.1 实例对象简介

空气压缩机组是一个分布式复杂机电系统,其设备连接图如图 7-1 所示。它由设备(设备、开关阀等统称设备)通过连接管件连接而成,所有设备相互协同,共同完成压缩空气的功能。空气压缩机组是流程工业生产系统中常用的关键设备,在企业中占有非常重要的地位,同时是一类由空压机、增压机、汽轮机、辅助设备等组成的典型复杂机电系统。压缩机组功率大、转速高、流量大、工况复杂,一旦系统发生故障或因故障停车,就会影响整个装置的正常生产,给企业造成重大经济损失。因此,系统发生故障后需要及时有效地查明故障原因并加以排除,对保证机组正常运行和企业安全生产具有重要意义。

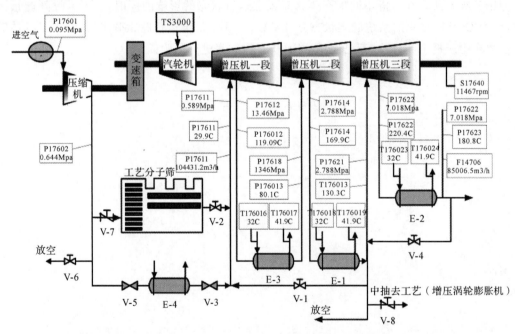

图 7-1 空气压缩机组的设备连接图

本章以某煤化工集团二期双甲项目的压缩机组系统为分析案例。该压缩机组系统由 5EH-8BD 汽轮机,RIK100-4 径向等温紧凑型空压机,RBZ45-7 径向筒式增压机和 TX36/1C 变速箱及辅助装置和设备组成,按装置结构和工艺流程分为空压机、增压机、汽轮机及蒸汽冷凝、润滑油路四个核心子系统,机组结构如图 7-1 所示。如图 7-1 所示的空气压缩机组一共包含 250 个各种类型的传感器,如温度、压力、流量、转速、电流、功率等。这些传感器每秒种都会实时上传监测数据给 DCS。

7.1.1　空压机子系统

空压机将吸入的空气进行压缩,为空分装置提供原料空气。温度为 32℃,压力为 0.095MPa 的空气首先经过自洁式空气过滤器进行灰尘和杂质过滤后进入空压机。在空压机内经过三段四级压缩后,气体温度变为 97℃,压力为 0.645MPa,流量为 158 000m³/h,然后将气体送往空分装置。空压机配备了防喘振系统,通过防喘振阀 BV7600 对空压机的通流气量进行控制,以防止系统发生喘振。空压机的调节方式为进口导叶加转速调节,此外在机内设有水清洗系统,当空气中的灰尘在叶轮及冷却管气侧聚集时,可以通过清洗喷嘴在线向每级叶轮入口喷软化水清洗叶轮和冷却管束,以保持良好的运行状态。

如图 7-2 所示为空压机子系统工艺流程结构,其系统状态监测变量如表 7-1 所示。

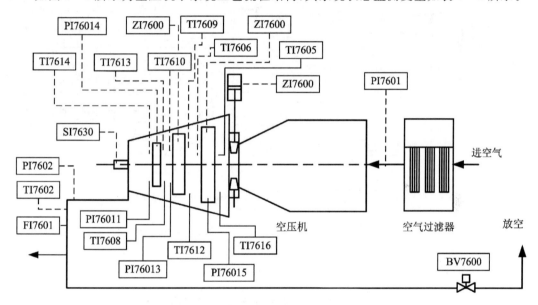

图 7-2　空压机子系统工艺流程图

表 7-1　空压机子系统节点位号对照表

节点位号	节点名称	节点位号	节点名称
PI7601	进气压力	ZI7600	导叶开度
PI76010	1 级进气压力	TI7605	1 级进气温度
PI76011	1 级排气压力	TI7608	1 级排气温度 A
TI7606	1 级排气温度 B	PI76012	2 级进气压力
TI7609	2 级进气温度	PI76013	2 级排气压力
TI7612	2 级排气温度 A	TI7610	2 级排气温度 B
PI76014	3 级进气压力	TI7613	3 级进气温度
TI7616	3 级排气温度 A	TI7614	3 级排气温度 B
PI76015	3 级排气压力	PI7602	空压机排气压力
TI7602	空压机排气温度	FI7601	空压机排气流量
SI7630	空压机轴转速	BV7600	放空阀门开度

7.1.2 增压机子系统

增压机是将压缩空气进行进一步的压缩。来自空分分子筛的洁净干燥空气,其压力为 0.59MPa,温度为 30℃,流量为 104 500m³/h,经过增压机三段七级的进一步压缩后得到的高压空气送往空分装置高压氧换热器。其中在增压机的二段出口处有一部分高压空气通往空分增压透平膨胀机。为防止发生喘振,在增压机二回一,三回三分别设有防喘振阀,在二段出口还设有紧急放空阀。

如图 7－3 所示为空压机子系统工艺流程结构,其系统状态监测变量如表 7－2 所示。

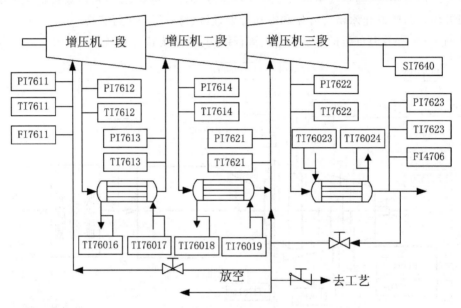

图 7－3　增压机子系统工艺流程图

表 7－2　增压机子系统节点位号对照表

节点位号	节点名称	节点位号	节点名称
PI7601	空压机进气压力	PI7602	空压机排气压力
PI7611	增压机 1 段进气压力	TI7611	增压机 1 段进气温度
FI7611	增压机进气流量	PI7612	增压机 1 段排气压力
TI76012	增压机 1 段排气温度	TI76016	增压机 1 段冷却进水温度
TI76017	增压机 1 段冷却出水温度	PI7613	增压机 2 段进气压力
TI76013	增压机 2 段进气温度	PI7614	增压机 2 段排气压力
TI76014	增压机 2 段排气温度	TI76018	增压机 2 段冷却进水温度
TI76019	增压机 2 段冷却出水温度	PI7621	增压机 3 段进气压力
TI7621	增压机 3 段进气温度	PI7622	增压机 3 段排气压力
TI7622	增压机 3 段进气温度	TI76023	增压机 3 段冷却进水温度
TI76024	增压机 3 段冷却出水温度	PI7623	增压机 3 段威力巴前压力
TI7623	增压机 3 段威力巴前温度	FI7623	增压机 3 段排气流量

续表

节点位号	节点名称	节点位号	节点名称
SI7640	轴系转速	BV7600	空压机出口放空阀
FV7610	分子筛出口阀	BV7610	增压机一段防喘振阀
BV7621	增压机三段防喘振阀		

7.1.3　汽轮机及蒸汽冷凝子系统

来自 S_1 管网的高压蒸汽经闸阀、主汽阀、调速阀进入汽轮机,经叶轮做功后,部分蒸汽通过抽汽止逆阀抽往 S_2 管网,其压力为 4.0MPa。其余蒸汽经低压调节阀后,进入汽轮机下方的主冷凝器内。主冷凝器将汽轮机乏汽冷凝为水并形成一定真空,冷凝水用泵送出至脱盐水装置回收使用。汽轮机轴端采用的是迷宫密封,密封蒸汽压力控制在 10～20kPa,压力通过压力调节阀进行控制。

汽轮机排出的乏汽进入主冷凝器与循环水进行热交换后凝结成水,空气体积缩小从而形成真空,冷凝水汇集在热井中。热井里的冷凝水由两台冷凝液泵抽出输送至脱盐水装置进行回收利用。通常情况下,两台冷凝液泵中一台正常工作,另一台备用,当热井液位过高出现报警时,备用冷凝液泵可以自行启动。热井水通过分程调节阀门的调节可以实现热井液位的自动控制。为保持主冷凝器真空和良好的换热效果,通过蒸汽抽汽器抽出主冷凝器内的不凝气体。抽汽器动力蒸汽及抽出气体中的蒸汽在抽汽冷凝器内冷凝为水后回流到主冷凝器,不凝气体放空。此外,在主冷凝器的壳程设有防爆板,当主冷凝器内真空下降时,可以防止主冷凝器遭正压破坏。如图 7-4 所示为空压机子系统工艺流程结构,其系统状态监测变量如表 7-3 所示。

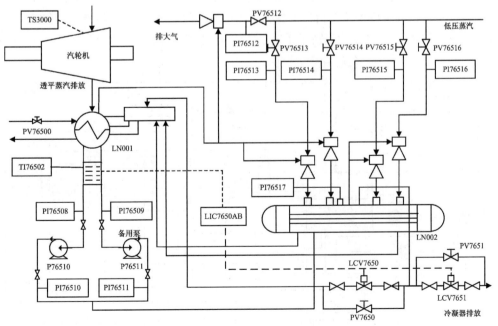

图 7-4　汽轮机及蒸汽冷凝子系统工艺流程图

表 7-3　汽轮机及蒸汽冷凝子系统节点位号对照表

节点位号	节点名称	节点位号	节点名称
PI76508	主冷凝液泵进口阀压力	PI76509	备用冷凝液泵进口阀压力
LCV7650	液位调节阀开度	LCV7651	液位调节阀开度
PV76500	冷却水阀开度	TI76502	冷凝水温度
P76510	主冷凝液泵	PI76510	主冷凝液泵出口阀压力
P76511	备用冷凝液泵	PI76511	备用冷凝液泵出口阀压力
PV7650	旁路阀开度	PV7651	旁路阀开度
PV76513	抽气器蒸汽阀开度	PI76513	PV76513 阀后压力
PV76514	抽气器蒸汽阀开度	PI76514	PV76514 阀后压力
PV76515	抽气器蒸汽阀开度	PI76515	PV76515 阀后压力
PV76516	抽气器蒸汽阀开度	PI76516	PV76516 阀后压力
VACUUM	冷凝器真空度	SI7650	透平转速
LIC7650A	热井液位		

7.1.4　润滑油路子系统

储存在油箱的 N46 防锈汽轮机油,由油泵加压至 1.5MPa,然后经过冷油器冷却和双联润滑油过滤器过滤后分成两路。其中一路压力控制在 0.25MPa,供给空压机、汽轮机、增压机、变速箱的轴承等作润滑用;另一路压力控制在 0.85MPa,作为汽轮机调节机构的调速液压油,最后各路的回油汇合后再返回到油箱。此外设置了由事故发电机驱动的事故油泵,以确保断电时各轴承润滑油供给。为保证事故油泵启动前或特殊情况下(如两台油泵均故障)机组停车后惰走期间供油,还设置了高位油槽,正常运转时高位油槽注满油,由上油孔板保持少量溢流,一旦发生意外可通过高位油槽位差向机组各轴承提供短时间润滑,保证机组惰走期间润滑,使机组安全停车。如图 7-5 所示为润滑子系统工艺流程图,其系统状态监测变量如表 7-4 所示。

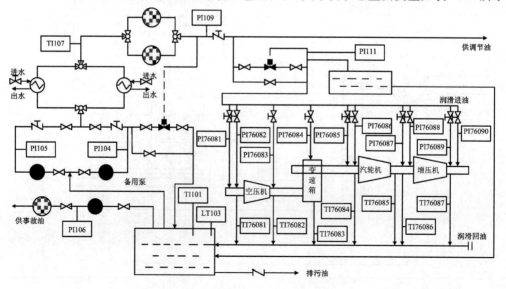

图 7-5　润滑子系统工艺流程图

表 7 - 4　润滑子系统节点位号对照表

节点位号	节点名称	节点位号	节点名称
TI101	油箱油温	SP7041	主油泵
PI105	主油泵出口压力	SP7040	备用油泵
PI104	备用油泵出口压力	TV70531	冷油器循环水阀门
TV70532	冷油器循环水阀门	TI107	油温度
PI111	润滑油压	PI109	油压
PIC7060	自立式调节阀	PIC7061	自立式调节阀
PI76081	空压机前端油压	PI76082	空压机前端油压
TI76081	空压机前端油温	TI76082	空压机后端油温
TI76500	汽轮机前端油温	TI76501	汽轮机后端油温
PI76085	汽轮机前端油压	PI76086	汽轮机前端油压
PI76087	汽轮机后端油压	PI76083	空压机后端油压
TI76086	增压机前端油温	PI76088	增压机前端油压
TI76087	增压机后端油温	PI76089	增压机后端油压
PI76090	增压机后端油压	TI76083	变速箱润滑油温
PI76084	变速箱润滑油压	PV76081	可调阀门
PV76082	可调阀门	PV76083	可调阀门
PV76084	可调阀门	PV76085	可调阀门
PV76086	可调阀门	PV76087	可调阀门
PV76088	可调阀门	PV76089	可调阀门
PV76090	可调阀门		

7.2　系统的运行周期

根据企业生产安全工况报告知,2013 年 8 月 1 日至 8 月 14 日这段时间压缩机组的工作状态良好。取这一段时间的 DCS 监测变量来分析系统的运行周期。压缩机组的 250 个监测变量对应的时序图如图 7 - 6 所示。利用第 3 章所提出的算法经过分析可知,具有周期性的变量有 76 个,部分监测变量的自相关性如图 7 - 7 所示。它们各自的周期如表 7 - 5 所示(全部 250 个监测变量的时序图以及对应的自相关系数见附录)。从表 7 - 5 中可以很明确地看出监测变量的周期均为 119 个采样周期,考虑本压缩机组 DCS 监测数据集的采样时间为 2min,可以得到系统的统计平均运行周期约为 4h。

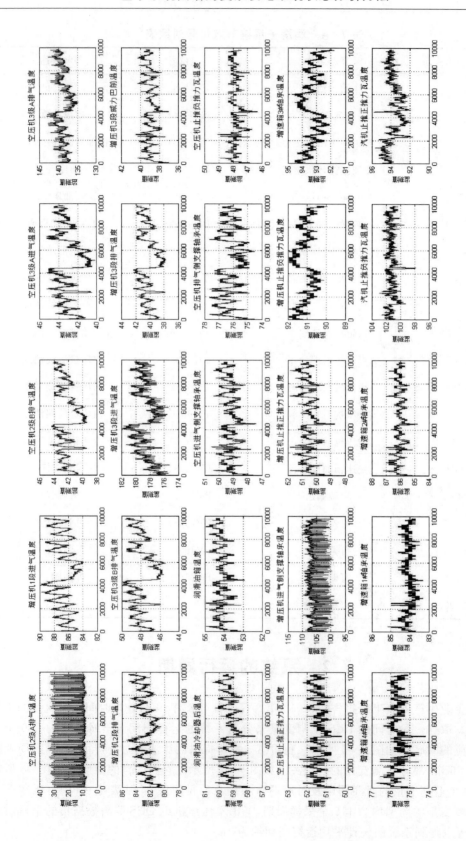

图7-6 空气压缩机组部分具有周期性的监测变量的时间序列

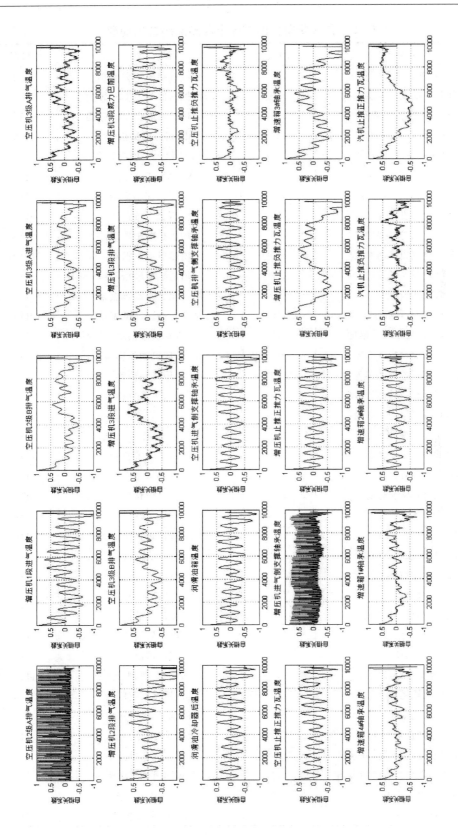

图7-7　空气压缩机组250个监测变量的自相关性（部分）

表 7-5　具有周期性的 198 个监测点各自的周期

变量名	周期	变量名	周期
空压机 2 级 A 排气温度	119	空压机喘振 PID 输出	119
增压机 1 段进气温度	119	增压机一段喘振 PID 输出	119
空压机 2 级 B 排气温度	119	增压机三段喘振 PID 输出	119
空压机 3 级 A 进气温度	119	V1 阀位控制信号	119
空压机 3 级 A 排气温度	119	V2 蒸汽入口汽门指令	119
增压机 2 段排气温度	119	V2 阀位控制信号	119
空压机 3 级 B 排气温度	119	空压机前轴振动	119
增压机 3 段进气温度	119	空压机后轴振动	119
增压机 3 段排气温度	119	增压机前轴振动	119
增压机 3 段威力巴前温度	119	增压机前轴振动	119
润滑油冷却器后温度	119	增压机后轴振动	119
润滑油箱温度	119	增速箱低速端轴振动	119
空压机进气侧支撑轴承温度	119	增速箱高速端轴振动	119
空压机排气侧支撑轴承温度	119	汽轮机轴振动	119
空压机止推负推力瓦温度	119	空压机轴位移	119
空压机止推正推力瓦温度	119	增压机轴位移	119
增压机进气侧支撑轴承温度	119	汽轮机轴位移	119
增压机止推正推力瓦温度	119	热膨胀	119
增压机止推负推力瓦温度	119	差胀	119
增速箱 3♯轴承温度	119	两路 LVDT 高选信号	119
增速箱 4♯轴承温度	119	DDV 阀阀芯位置	119
增速箱 1♯轴承温度	119	轴位移	119
增速箱 2♯轴承温度	119	轴位移	119
汽机止推负推力瓦温度	119	主蒸汽母管流量	119
汽机止推正推力瓦温度	119	抽汽流量	119
汽机排汽侧支撑轴承温度	119	发电机频率	119
汽机进汽温度	119	油箱油位	119
汽机抽汽温度	119	凝汽器液位	119
汽机排汽温度	119	凝汽器液位	119
送风阀位	119	凝汽器液位	119
空压机负荷控制器输出	119	DCS 负荷调节	119
空压机键相	119	凝汽器补水阀阀位	119
汽轮机键相	119	凝汽器排水阀阀位	119
空压机防喘振最终输出	119	1♯凝结水泵电流	119
增压机 1 段喘振控制器实际输出	119	高压油泵电流	119
增压机 3 段喘振控制器实际输出	119	交流润滑油泵电流	119
汽机抽汽压力给定	119	1♯射水泵电流	119
转速目标值	119	2♯射水泵电流	119

如表 7-5 所示,系统的统计平均运行周期约为 4h,数据集的分割只要是 4h 的整数倍即可。本章中的空气压缩机组的 DCS 监测数据集在时间轴上以 24h 为一个基本分割单元,构造系统图谱,作为系统运行健康状态分析的基础。

7.3　面向人机交互的系统故障识别

7.3.1　基于彩色图谱的系统故障识别

1. 无故障彩色图谱

彩色图谱的横轴代表压缩机组的 250 个监测变量,纵轴代表 DCS 的采样时间,图谱中色彩的变化反映了监测值的变化规律。压缩机组在 2013 年 2 月 26 日运行状态良好,因此选择这一天的 DCS 监测数据构造无故障彩色图谱,如图 7-8 所示。

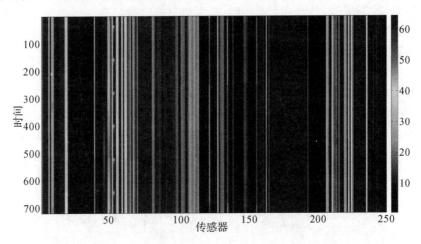

图 7-8　空气压缩机组无故障数据系统彩色图谱

图 7-8 中的彩色条纹的色彩变化流程,富于韵律,没有明显的色斑或瑕疵,说明监测数据的变化规律,系统处于平稳运行中。我们对 DCS 数据集进行归一化处理,消除多源性的影响,保留数据的变化趋势后,构造归一化后的系统彩色图谱,如图 7-9 所示。

由于监测数据来自不同传感器的观测数据绝对值差异极大,亦即数据的多源性,导致不同来源的监测点的数据采样值的绝对值之间有着极大的差异,若直接处理会使观测值绝对值有较小的信息丢失,而这些信息是有用信息,不能丢掉。因此,必须先对数据做预处理,消除数据间绝对值的差异,保留数据的变化趋势,亦即消除数据多源性的影响,仅保留数据的变化规律,使不同来源的观测数据间具有可比性,才能从整体上处理 DCS 观测矩阵,并从DCS 观测矩阵中提取出观测数据的变化信息。从图 7-9 可以看出,观测数据间的绝对值差异消失了,只保留了观测数据的变化趋势,从而消除了数据的多源异构性,使得可以从整体上处理整个观测数据集。从归一化后的数据矩阵在三维系统欧氏空间中的图像上也可以看出这一点。如 DCS 数据归一化系统彩色图谱中所示,系统综合向量具有高度的耦合性和非线性关系。

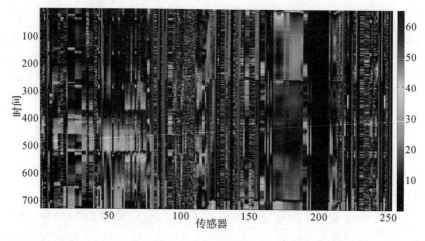

图 7-9　空气压缩机组无故障数据归一化系统彩色图谱

　　归一化后的观测矩阵,仍含有大量的噪声,需要进行降噪处理。但是由于监测变量间具有非线性和耦合性的特点,对于某个传感器的观测时序数据而言的噪声也许是有其他传感器造成的有用信息,换句话说,对于单独的时序数据而言的白噪声对于整体观测集而言可能是极为有用的系统状态信息,若是被当作噪声处理掉,那么就有可能造成有用信息的丢失。因此,应该将整个观测数据集作为一幅图像,利用小波分析的方法对整个 DCS 数据图进行消噪处理。我们把归一化后、已消除多源异构性影响的 DCS 数据集构造为系统归一化彩色图谱,利用小波分析中的全阈值法,降低 DCS 数据集的白噪声,如图 7-10 所示。

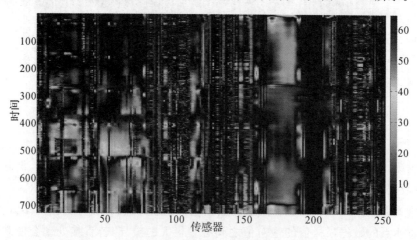

图 7-10　空气压缩机组无故障数据降噪后的系统彩色图谱

　　将空气压缩机组无故障数据包生成的三种类型的系统彩色图谱作对比,如图 7-11 所示。
　　从图 7-11 可以看出,若系统没有出现明显异常,则其对应的系统彩色图谱是色彩变化极为规律的条纹。经过数据归一化和系统降噪后的彩色图谱反应的是系统动态特性的细节信息。如图 7-11 所示,经过数据预处理后,数据的颜色表示监测数值变化的剧烈程度,即监测变量时间序列频率的大小。根据图 7-11 色彩与数值的对应关系可知,随着颜色从蓝到红过渡,监测变量的变化加剧,对应的时间序列频率逐渐升高。在归一化系统彩色图谱和数据降噪后的系统彩色图谱中,像素值的颜色越靠近红色,说明对应监测设备的稳定性越差,越接近蓝色,说明稳定性越好。但是,由于系统是动态的,如果设备的监测值完全不变,也代表着设备出现异常。如果系统运行正常,则经过数据预处理后的系统彩色图谱应该是在浅蓝色与淡绿色之间有规律地变化。由于系统在正常状态是数据变化未定且起伏不大,其对应的归一化和降噪后的系统彩色图谱应该是以蓝色为主的蓝绿相间的色彩斑块。如果经过数据预处理后的系统彩色图谱中出现大片颜色不变的深蓝色区域或红、黄色区域,都说明其对应的设备出现异常。前者说明对应设备有可能停止工作,后者说明对应设备的运行状态出现剧烈变化。

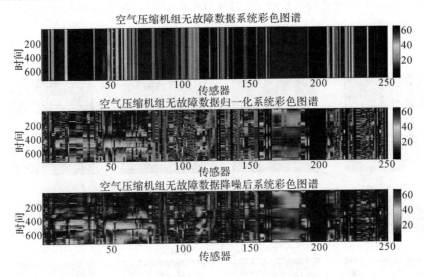

图 7-11 空气压缩机组无故障数据三类彩色图谱对比

2. 故障彩色图谱

根据企业实际监测报告显示,该空气压缩机组在 2013 年 2 月是出现过异常,但是没有影响正常运转。提取该空气压缩机组在 2013 年 2 月的 DCS 监测数据集,以 24h 为一个周期,构造系统彩色图谱序列如图 7-12 所示。

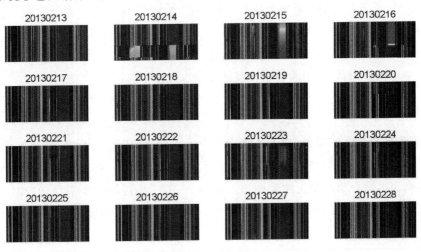

图 7-12 包含异常信息的系统彩色图谱序列

从图 7-12 中可以很清晰地找出系统异常的时间段,如 2 月 13 日至 16 日,以及 2 月 23 日的系统彩色图谱上出现了很明显的色斑,说明此时系统处于异常状态。但是由于色斑在整张图谱中所占的面积有限,因此没有造成系统停机。2 月 14 日和 2 月 15 日的系统彩色图谱的色彩变化最为明显,特别是 2 月 14 日,出现了几乎全局性的色彩突变,但是很快色彩突变就消失了。这说明当时当班的工人发现了系统故障并及时进行了处理。结合企业的生产报告,也证实了这一点。

为了进一步显示系统的动态特性,我们对数据进行预处理后再构造系统彩色图谱如图 7-13 所示。

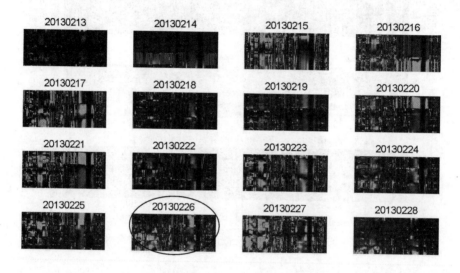

图 7-13　数据预处理后的系统彩色图谱

在图 7-13 中,结合企业的实际情况,以 2013 年 2 月 26 日的系统彩色图谱(子图号为 20130226)作为标准彩色图谱。从图 7-13 中可以看出,2 月 14 日的系统彩色图谱(子图号为 20130214)出现了大片的几乎没有颜色变化的蓝色区域,说明此时大量设备工作异常,接近停车。2 月 15 日的系统彩色图谱(子图号为 20130215)出现多个设备在很短的时间中呈现红色,说明设备被认为调整,以便于正常工作。至 2 月 17 日,从彩色图谱(子图号为 20130217)中可以看出,系统中的各个设备已经基本恢复正常。

7.3.2　基于故障图谱的在线监控方法

DCS 监测数据集的海量性,以及系统中各个生产要素的层次关联性,使得系统一旦出现故障,就会有多个监测点报警。为了全面监测所有的报警信息,实现报警信息的实时、单屏显示,需要利用本章介绍的系统故障图谱。如图 7-14 所示,若系统平稳运行时,系统故障图谱是一张纯白色的图像,而当系统出现故障时,白色的背景下故障点的位置极为明显。

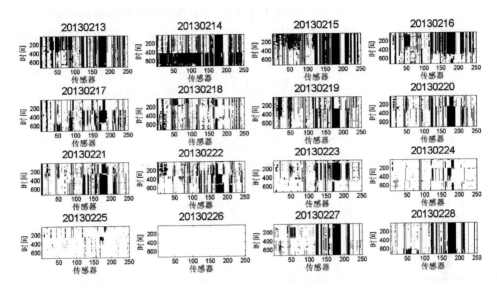

图 7 - 14　系统故障图谱

7.4　系统运行健康状态分析

7.4.1　彩色图谱分析系统动态特性

　　系统的故障图谱序列,以 24h 为一个系统周期,经压缩机组 DCS 从 2013 年 2 月至 2013 年 8 月的监测数据投影到三维色彩相空间中,构造系统彩色图谱序列。根据企业实际的生产监测报告,选取系统运行良好的系统彩色图谱,构造基准彩色图谱 Γ_{std}。再计算反映系统异常度的危险度指标,如图 7 - 15 所示。

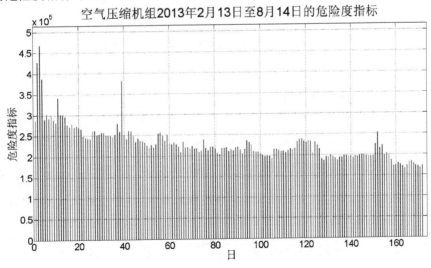

图 7 - 15　压缩机组半年的危险度指标变化趋势

从图 7-15 中可以看出，整个 2013 年上半年中，2 月份比其他月份偏离正常运行状态更远一些。为了更清楚地显示 2013 年 2 月至 8 月间系统的运行状态，计算系统正常程度函数如图 7-16 所示。

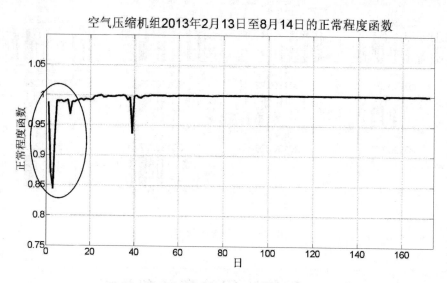

图 7-16 压缩机组半年的系统运行趋势

从图 7-16 中可以很清楚的看到，2013 年 2 月至 8 月间，系统曾经出现过异常，但是很快就恢复了。结合企业实践工况报告，2013 年 2 月遇见压缩机组出现了一些问题，但是由于处理及时，故障很快被排除。因此，图 7-16 所示的分析与实际情况相符。

我们根据正常程度函数 memFun 的导数可以判断系统运行健康状态的变化趋势，即

$$
\left.
\begin{aligned}
\frac{\mathrm{dmemFun}}{\mathrm{d}t} &< 0 \quad \text{系统出现异常,影响范围不断扩大} \\
\frac{\mathrm{dmemFun}}{\mathrm{d}t} &\approx 0 \quad \text{系统正常运行} \\
\frac{\mathrm{dmemFun}}{\mathrm{d}t} &> 0 \quad \text{系统异常被排除,影响范围不断缩小}
\end{aligned}
\right\}
\tag{7-1}
$$

为了更清楚地说明故障发生时正常程度函数 memFun 的变化趋势，我们选取如图 7-16 所示的第一个倒尖峰予以放大，如图 7-17 所示。

图 7-17 显示了空气压缩机组在 2013 年 2 月 13 日至 17 日间系统运行健康状态异常时其对应的正常程度函数 memFun 的变化情况。从图 7-17 中可以看出，13 日至 14 日之间有 $\frac{\mathrm{dmemFun}}{\mathrm{d}t} < 0$，说明正常程度函数出现线性下降，系统运行健康状态出现异常，表明有故障发生且故障的影响范围在扩大。系统正常程度函数在 15 日降至最低，说明此时故障影响范围达到极限，系统运行健康状态降至最低点。15 日至 17 日，由于人为的调整，故障被逐步排查，影响范围逐渐缩小，此时对应的有 $\frac{\mathrm{dmemFun}}{\mathrm{d}t} > 0$。至 17 日，故障基本被排除，正常程度函数 memFun 的值恢复在 1 左右变动，此时有 $\frac{\mathrm{dmemFun}}{\mathrm{d}t} \approx 0$。

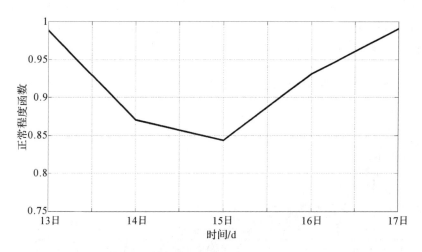

图 7 - 17　有故障发生时正常程度函数的变化趋势

7.4.2　故障图谱分析系统动态特性

1. 企业级故障模式识别

结合企业实际工况,构造反映系统故障分布的故障图谱库,如图 7 - 18 所示。

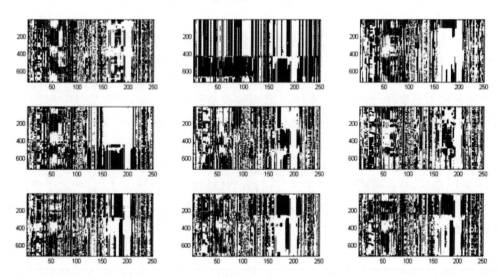

图 7 - 18　空气压缩机组故障图谱库(部分)

图 7 - 19 所示是空气压缩机组出现的部分故障图谱,根据前面提出的故障匹配算法,可以实现系统层面的模式识别,目标样本接受率达 73％以上,非样本拒绝率为 98％。

2. 企业级系统健康状态评级

以 DCS 采样时间为轴,计算压缩机组 2013 年 2 月至 8 月份的危险能量函数如图 7 - 19 所示。

从图 7 - 19 可以看出压缩机组在 2013 年 2 月至 8 月间的运行状态变化趋势。这个变化趋势与之前图7-16分析的基本相符。如图7-19所示,可以很明确地为整个压缩机的运行健康状态进行评级。图7-19中的横线由低到高表示运行状态的第五级至第一级。显然,压缩机组在2013年8月的运行健康状态最好,2月份最差。

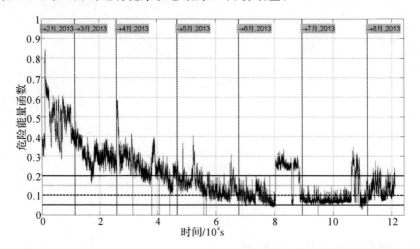

图7-19 压缩机组的危险能量函数2013年2月至8月的变化趋势

7.5 本章小结

本章以某煤化工企业的空气压缩机组的真实 DCS 监测数据集为实例,验证了提出的基于系统图谱的系统运行健康状态分析和故障识别方法的有效性。

首先,本章分析了空气压缩机组的 DCS 监测变量的各个时间序列的周期,计算得出了系统的统计平均周期,作为时间域上 DCS 监测数据集分割的基础,根据第 2 章所提出的系统图谱构造规则分别构造系统彩色图谱和系统故障图谱作为系统运行健康状态分析和故障识别的基础;然后,分析和验证经过数据预处理和未经过数据预处理的三类系统彩色图谱以及系统故障图谱在故障模式显示上的不同之处,以及人眼如何从这些系统图谱中识别设备故障的方法;最后,分析和验证了基于系统图谱的计算机自动分析方法,包括基于系统彩色图谱的定量分析的系统运行健康状态分析方法,基于系统故障图谱的企业级系统故障模式识别和系统运行健康状态评级方法。

通过某煤化工企业的真实企业案例,验证了书中所提出的基于系统图谱分析系统运行健康状态以及故障识别的方法真实、有效,符合企业实际生产情况,可以获得比较令人满意的结果。

第 8 章　分布式复杂机电系统
健康运行状态分析原型软件

结合基于系统图谱的复杂机电系统运行健康状态分析方法,我们为某化工企业的生产设备开发了一套生产监控原型系统,用于深入分析和高度整合系统运行健康状态,实现企业级安全生产监控。

8.1　需求分析和系统架构设计

由于以化工生产系统为代表的分布式复杂机电系统中问题的复杂性和多样性,已有的此领域开发的智能系统的功能主要包含状态监测、故障诊断、风险分析、维修管理、决策支持等方面,主要目标是克服时间、费用的约束,提高专家经验的利用效率,解决化工系统可靠运行的相关问题。实践表明,单一方法针对小规模的问题有效,而在大规模的工业环境往往失效[15]。国外的一些著名大学和组织在此领域进行了研究和开发,综合运用多种方法并集成,提出或实现了一些智能系统或技术框架,文献[89]列举了其中一些主要的成果,这包括美国麻省理工学院在 George Stephanopoulos 领导下开发的 IRTW(Integrated Real-Time Workstation)框架,美国普渡大学的 LIPS(the Laboratory for Intelligent Process Systems)实验室开发的 Op-Aide 和与 Honeywell 公司联合开发的 DKit 框架,加拿大阿尔伯塔大学的 IEL(the Intelligent Engineering Laboratory)实验室开发的 INTEMOR 平台,英国利兹大学化学工程系的 Chen Z. F. ,Wang Z. X 提出的 OOSS(On-line operational support system)系统框架等;国内开发的系统往往针对单一的问题,INTEMOR 平台已作为由中加智能控制工程联合研究中心(CCUC)引入并以其为平台做了一些应用开发。目前,国内尚无自主开发的大型综合性系统方案来解决化工安全类问题。

本章的原型软件系统是结合本研究内容而开发的分布式复杂机电系统健康状态管理系统的一部分。系统主体是基于 C♯ 技术开发的 Browser/Server 架构程序,采用了微软.NET 的 Web 框架技术,这些框架对数据传递和页面跳转、逻辑和数据库接口等进行了封装,以提高开发效率。集成开发环境为 VS 2008,系统运行的服务器端采用 Oracle 10.2.0.1 的.NET Web应用服务器。系统的核心算法采用 C++开发。本原型软件系统的主要功能及各组成部分如图 8-1 所示。

生产监控分析子系统处于企业信息化系统的中间环节,联通信息化系统中的底层数据和高层功能展示,平行于销售、物资、采购、设备管理等子系统,相对于这些子系统,生产监控分析子系统有其自身的特点:

(1)系统需要对数据进行综合分析与处理,通过分析的结果帮助企业进行合理的生产调度和经营决策。

(2)处理的数据较为分散,同时数据多为统计汇总型,所以需要其他子系统的数据支撑。

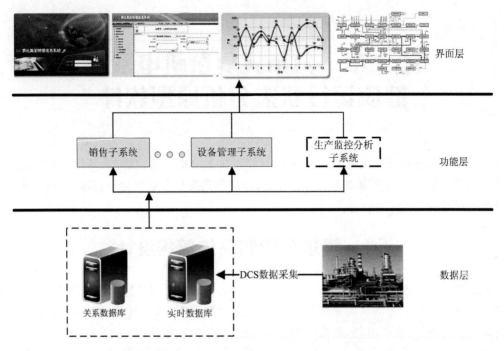

图 8-1　企业信息化综合管控系统逻辑结构示意图

　　按照生产监控分析子系统的设计目标,系统将通过数据的综合展示、生产系统监控和系统健康状态分析三个方面去实现既定的系统功能,设计的数据包括 DCS 数据和非 DCS 数据,同时,生产监控分析子系统没有具体的业务流程,通过终端用户的应用请求触发生产监控分析子系统,以分析和展示实时数据库以及其他子系统的关系数据库为主要任务,对整个生产系统的运行健康状态进行动态分析。生产监控分析子系统的输出信息以具体的生产报表、统计曲线为主要展示形式,结合 DCS 信息,对影响生产系统运行健康状态的各主要指标给出定性的评价结果。其逻辑结构如图 8-2 所示。

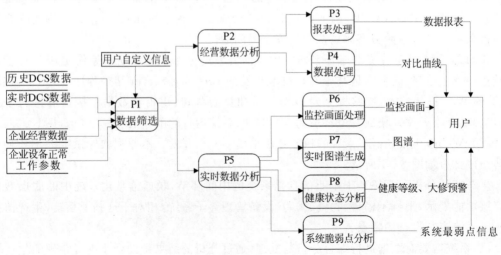

图 8-2　生产监控分析子系统逻辑结构图

　　根据对用户的需求调研,对不同用户的需求侧重点进行梳理分析,本系统将主要以企业的"经理班子"成员为用户对象,以分析、展示企业的生产数据为出发点,以帮助用户了解和掌握企业实时生产情况为目的,以为用户提供生产系统运行健康状态的动态分析为特色,遵循"生产状态实时监控→综合数据分析→生产数据长效分析"由低到高的三个层次,从生产数据的直观展示和数据的深层次分析两个角度进行数据的综合分析与展示、生产系统的实时分析以及生产系统健康状态评级与预警,如图 8-3 所示。

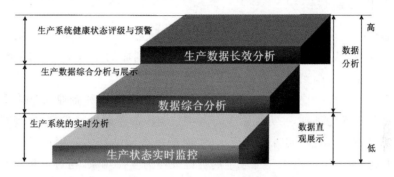

图 8-3　生产监控分析子系统功能层次图

　　在上述系统功能层次划分的基础上,生产监控分析子系统拟开发的功能如图 8-4 所示。

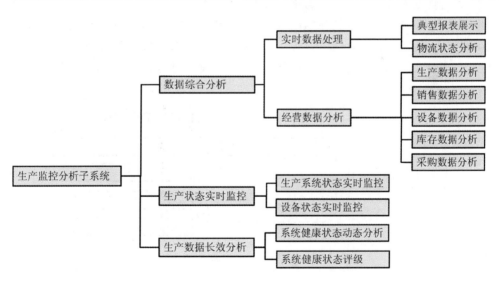

图 8-4　生产监控分析子系统功能模块图

8.2　系 统 实 现

8.2.1　系统的运行环境

　　数据综合分析模块与实时数据库和其他子系统的关系数据库对接,完成实时数据处理和宏观经营数据分析功能。由于各用户关注的侧重点不同,为了使数据分析更具有针对性,系统根据用户的侧重点进行数据分流,同时,用户可以对自己感兴趣的数据项进行定制,以满足用户的个性化需求,实时数据处理功能和宏观数据分析功能在此数据基础上进行。

实时数据处理功能实现对实时数据库中 DCS 数据的获取、分析与处理,针对目前基于 DCS 数据仍需人工完成的工作内容,提供不同岗位的实时数据统计报表,同时,对物流信息进行实时展示。

8.2.2　生产状态监控模块

生产状态监控模块以企业的工艺流程为背景,通过关注各工段的主要生产参数和关键设备运行实时参数,从设备和生产系统两个角度,从点到面的全方位,使用系统图谱和 DCS 监控画面两种手段来刻画实时生产状态。

生产状态实时监控模块以工艺工段为入口,以实时数据库和企业信息化系统中的其他子系统的关系数据库为基础,一方面通过对各工艺工段的主要生产参数,实现对整个生产系统状态的实时分析,以图谱、实时数据展示、实时监控画面的形式为用户呈现直观的企业整体生产运行状态;另一方面以工艺工段中的关键设备为监控对象,通过分析这些设备的实时状态参数,以图谱和实时状态数据展示的形式为用户呈现关键设备的实时运行状态,实现对生产系统局部的实时监控。两者结合实现对关键设备和整个系统运行状态的组合监控与对比分析,辅助管理人员进行生产系统异常状态的判断分析。

生产状态实时监控模块以实时数据库为基础,通过对影响工艺工段的关键参数进行分析去刻画整个生产系统的运行状态,从分析关键设备的实时参数入手,完成对关键设备的实时监控,实现对生产细节的实时监控。生产状态实时监控模块的功能树状图如图 8-5 所示。

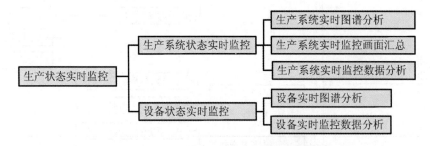

图 8-5　生产状态实时监控模块功能树

生产系统状态实时监控从整个生产系统的角度刻画整个生产的实时状态。通过实时图谱、实时监控画面和监控数据分析三种手段对生产状态进行定性和定量的分析。

生产系统图谱实时分析。将生产系统众多监测点监测数据转化为非专业技术人员也可以直观判断的彩色和黑白图谱,帮助用户对系统的工作状态进行定性分析和判断。

生产系统实时监控画面汇总。将整个企业的生产监控画面引到用户计算机桌面,帮助用户对整个企业的整体生产情况进行直观和宏观的了解。

生产系统实时监控数据分析。以监测点的监测数据为基础,对比各个监测点的正常工作参数,对系统的单点和整体状态进行定量分析。

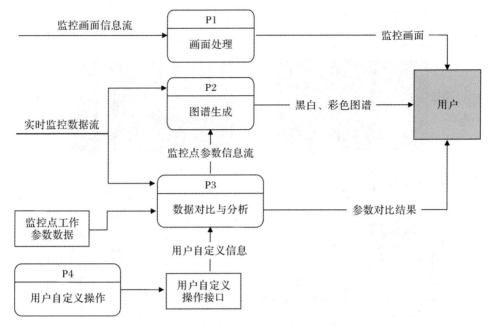

图 8 - 6　生产系统实时监控子模块数据处理逻辑结构

设备状态实时监控从单台设备的角度反映较小范围内的实时生产状态。通过观察设备的实时状态图谱和实时监测数据对单体设备的状态进行定性和定量的判定。

设备状态图谱实时分析。将单台设备的众多实时监控数据转化为可以直观进行运行状态判断的彩色或黑白图谱,帮助用户对单台设备的运行状态进行定性分析。

设备实时监控数据分析。以对设备的实时运行状态进行定量分析为目的,参考各个监测点的正常工作参数,对单台设备和设备上的单个监测点状态进行分析。

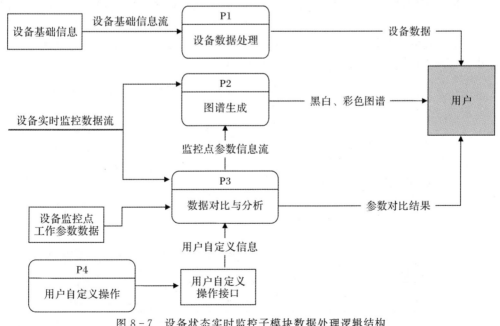

图 8 - 7　设备状态实时监控子模块数据处理逻辑结构

生产状态监控模块的功能界面如图 8-8 所示。

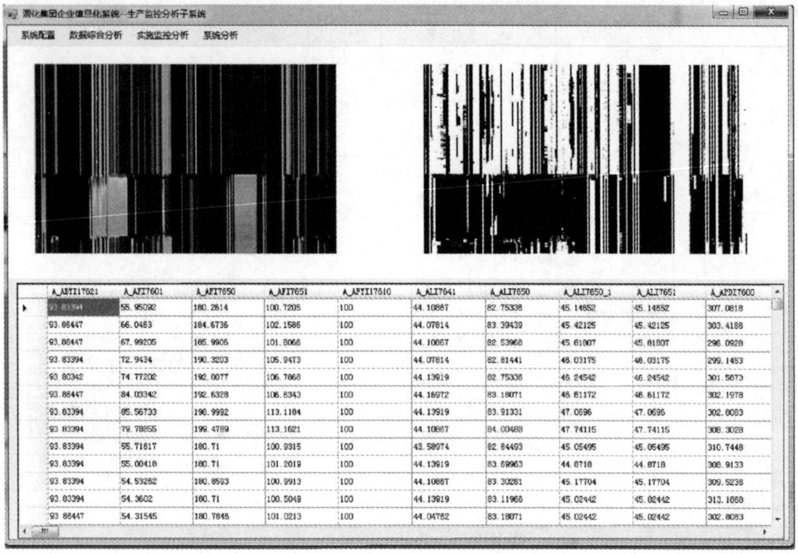

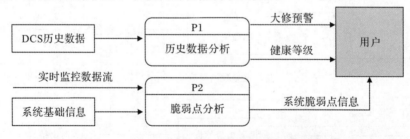

图 8-8　生产系统实时监控数据分析

8.2.3　生产数据长效分析模块

生产监控分析子系统的目的是帮助企业"节能降耗",实现"管控一体化",系统中数据分析展示和生产状态监控模块侧重于企业的"管",生产数据的长效分析模块则更侧重于企业的"控",参考长效分析模块的处理结果,为生产系统的物理控制提供依据。

生产数据长效分析模块,通过分析实时数据库中存储的检测点位信息,对整个生产系统的健康状态进行长效动态分析;通过制定的生产系统健康状态评级规则,对整个生产系统的健康等级进行评估,提供生产系统当前的健康等级信息、大修预警时间以及系统需要关注的脆弱点信息。

生产数据长效分析模块从系统健康状态的动态分析以及系统健康状态等级两个角度去分析整个生产系统的健康状态。该模块的功能树状图如图 8-10 所示。

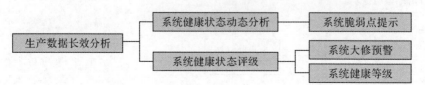

图 8-9　生产数据长效分析子模块数据处理逻辑结构

图 8-10　生产数据长效分析子模块功能树

　　系统健康状态动态分析。通过分析生产系统的实时和历史监测数据,分析系统中存在的脆弱点,以提示和预警的形式反馈给用户。

　　系统健康状态评级。引入系统健康状态的 5 级(健康、亚健康、关注、特别关注、崩溃)评定机制,对系统健康状态进行实时分析评估。

　　系统大修预警。在当前运行环境下,结合系统中存在的脆弱环节,分析系统可能需要大修的大致时间,为生产管理人员和经营决策人员安排系统大修提供参考。

　　系统健康等级。在 5 级健康等级机制下,分析系统当前的健康等级,为企业合理安排系统维护提供参考。其功能界面如图 8 - 11 所示。

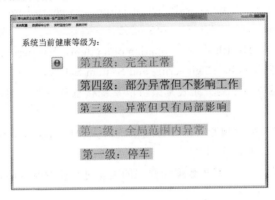

图 8 - 11　生产系统健康状态等级评估界面

8.3　本章小结

　　本章阐述了面向流程工业的分布式复杂机电系统状态分析以及故障诊断的需求,介绍了一套完整的基于系统图谱分析方法的流程工业在线监控、故障诊断、自动预警和系统运行健康运行评级仿真原型软件的技术框架。

　　首先,本章在分析分布式复杂机电系统状态分析以及故障诊断的需求的基础上,建立了整个原型软件的系统架构,划分了系统层次和逻辑功能,将系统的逻辑功能由低到高划分为生产状态实时监控、数据综合分析和生产数据长效分析三个层次;然后,根据系统架构将整个软件系统划分为生产状态监控模块和生产数据长效分析模块,分别对应本书所提出的面向人机交互和面向计算机自动分析的系统健康状态分析与故障诊断方法;最后,展示了给原型软件的部分具有代表性的软件界面。

　　本章所介绍的原型软件系统包含了书中所提出的全部的基于系统图谱的状态分析与故障诊断方法,将理论研究与企业实践结合了起来,并已在相关企业中获得了应用,取得了良好的效果。

参 考 文 献

[1] Gao J，Li G，Gao Z，et al. Fault propagation analysis for complex system based on small-world network model[J]. Annual Reliability and Maintainability Symposium，2008 Proceedings，2008：360 – 365.

[2] Sun K，Gao J，Gao Z. Health state analysis of modern industry system through system color picture based on the data-driven[J]. Journal of Mechanical Engineering，2012，48 (18)：186 – 191.

[3] Downs J J，Vogel E F. A plant-wide industrial-process control problem[J]. Computers & Chemical Engineering，1993，17 (3)：245 – 255.

[4] Jiang R，Jardine AKS. Health state evaluation of an item：A general framework and graphical representation[J]. Reliability Engineering and System Safety，2008，93：89 – 99.

[5] 吕延庆. 非线性数据支持下的分布式复杂机电系统状态分析若干关键技术研究[D]. 西安：西安交通大学，2013.

[6] 孙博，康锐，谢劲松. 故障预测与健康管理系统研究和应用现状综述[J]. 系统工程与电子技术，2007，29 (10)：1762 – 1767.

[7] 刘强，柴天佑，秦泗钊，等. 基于数据和知识的工业过程监视及故障诊断综述[J]. 控制与决策，2010，25 (6)：801 – 807.

[8] 邓晓刚，田学民. 生产过程故障诊断方法研究现状及展望[J]. 石油大学学报：自然科学版，2005，29 (6)：151 – 157.

[9] 柳志娟，李清，柳先辉，等. 基于强跟踪多模型估计器的作动器故障诊断[J]. 清华大学学报：自然科学版，2012，2 (5)：642 – 647.

[10] Venkat Venkatasubramanian，Raghunathan Rengaswamy，Kewen Yin，et al. A review of process fault detection and diagnosis，Part I：Quantitative model-based methods[J]. Computers & Chemical Engineering，2003，27 (3)：293 – 311.

[11] Volkanovski A，Ĉepin M，Mavko B. Application of the fault tree analysis for assessment of power system reliability[J]. Reliability Engineering & System Safety，2009，94 (6)：1116 – 1127.

[12] 张贝克，郑然，马昕，等. 间歇过程动态 SDG 建模[J]. 化工学报，2008，59 (7)：1863 – 1868.

[13] Raza J，Liyanage J P. An integrated qualitative trend analysis approach to identify process abnormalities：A case of oil export pumps in an offshore oil and gas production facility[J]. Proceedings of the Institution of Mechanical Engineers，Part E：Journal of Process Mechanical Engineering，2009，223 (4)：251 – 258.

[14] Venkat Venkatasubramanian，Raghunathan Rengaswamy，Kavuri SN. A review of process fault detection and diagnosis，Part II：Qualitative models and search strategies[J]. Computers & Chemical Engineering，2003，27 (3)：313 – 326.

[15] Venkat Venkatasubramanian，Raghunathan Rengaswamy，Surya N. Kavuri，et al. A review of process fault detection and diagnosis，Part III：Process history based methods[J]. Computers & Chemical Engineering，2003，27 (3)：327 – 346.

[16] 李晗，萧德云. 基于数据驱动的故障诊断方法综述[J]. 控制与决策，2011，26 (1)：1 – 9.

[17] Kano M, Nakagawa Y. Data-based process monitoring, process control, and quality improvement: Recent developments and applications in steel industry[J]. Computers & Chemical Engineering, 2008, 32 (1 - 2): 12 - 24.

[18] 蒋浩天, 拉塞尔 E L, 布拉茨 R D. 工业系统的故障检测与诊断[M]. 北京: 机械工业出版社, 2003.

[19] Bakshi B R. Multiscale PCA with application to multivariate statistical process monitoring [J]. AIChE Journal, 1998, 44 (7): 1596 - 1610.

[20] Sang Wook Choi, Changkyu Lee, Jong-Min Lee, et al. Fault detection and identification of nonlinear processes based on kernel PCA[J]. Chemometrics and Intelligent Laboratory Systems, 2005, 75: 55 - 67.

[21] Ge Z, Yang C, Song Z. Improved kernel PCA-based monitoring approach for nonlinear processes[J]. Chemical Engineering Science, 2009, 64 (9): 2245 - 2255.

[22] 王晗, 孔令富. 一种新的增量式关联规则数据挖掘方法研究[J]. 仪器仪表学报, 2009, 30 (2): 438 - 443.

[23] 闫伟, 张浩, 陆剑峰. 一种模糊加权关联规则算法及其在流程工业中的应用[J]. 计算机集成制造系统, 2006, 12 (7): 1102 - 1107.

[24] 王永富, 王殿辉, 柴天佑. 一个具有完备性和鲁棒性的模糊规则提取算法[J]. 自动化学报, 2010, 36 (9): 1337 - 1342.

[25] 顾祥柏, 朱群雄, 耿志强. 现代化工流程报警系统分析及管理策略[J]. 化工进展, 2004, 23 (12): 1348 - 1352.

[26] Costa R, Cachulo N, Cortez P. An intelligent alarm management system for large-scale telecommunication companies. In: Lopes L, Lau N, Mariano P, Rocha L, editors. progress in artificial intelligence. Springer Berlin / Heidelberg, 2009: 386 - 399.

[27] Li T, Li X. Novel alarm correlation analysis system based on association rules mining in telecommunication networks[J]. Information Sciences, 2010, 180 (16): 2960 - 2978.

[28] Li T-Y, Li X-M. Preprocessing expert system for mining association rules in telecommunication networks[J]. Expert Systems with Applications, 2011, 38 (3): 1709 - 1715.

[29] 邓歆, 孟洛明. 基于贝叶斯网络的通信网告警相关性和故障诊断模型[J]. 电子与信息学报, 2007, 29 (5): 1182 - 1186.

[30] 闫光辉, 李战怀, 党建武. 基于多重分形的聚类层次优化算法[J]. 软件学报, 2008, 19 (6): 1283 - 1300.

[31] Chen T-H, Chen C-W. Application of data mining to the spatial heterogeneity of foreclosed mortgages[J]. Expert Systems with Applications, 2010, 37 (2): 993 - 997.

[32] Faouzi N-EE, Leung H, Kurian A. Data fusion in intelligent transportation systems: Progress and challenges—A survey[J]. Information Fusion, 2011, 12 (1): 4 - 10.

[33] 朱大奇, 刘永安. 故障诊断的信息融合方法[J]. 控制与决策, 2007, 22 (12): 1321 - 1328.

[34] 李进, 赵宇, 黄敏. 基于决策级数据融合的可靠性综合验证方法[J]. 北京航空航天大学学报, 2010, 36: 576 - 579.

[35] 姚旭, 王晓丹, 张玉玺, 等. 特征选择方法综述[J]. 控制与决策, 2012, 27 (2): 161 - 166.

[36] Yuxuan Sun, Xiaojun Lou, Bao B. A novel relief feature selection algorithm based on mean-variance

model[J]. Journal of Information & Computational Science，2011，8 (16)：3921 - 3929.

[37] 刘华文. 基于信息熵的特征选择算法研究[D]. 长春：吉林大学，2010.

[38] Gustavo Camps-Valls，Joris Mooij，Scholkopf B. Remote sensing feature selection by kernel dependence measures[J]. IEEE Geoscience and Remote Sensing Letters，2010，7 (3)：587 - 591.

[39] Nandi G. An enhanced approach to Las Vegas Filter (LVF) feature selection algorithm[C]，Emerging Trends and Applications in Computer Science (NCETACS)，2011：1 - 3.

[40] Wu S，Jiang Yan N. Research of Analog Circuit Fault Diagnosis Based on Data Fusion Technology[C]，Computer Science and Electronics Engineering (ICCSEE)，2012：303 - 306.

[41] Jiang S-F，Zhang C-M，Zhang S. Two-stage structural damage detection using fuzzy neural networks and data fusion techniques[J]. Expert Systems with Applications，2011，38 (1)：511 - 519.

[42] Igor V. Maslov，Gertner I. Multi-sensor fusion：an Evolutionary algorithm approach[J]. Information Fusion，2006，7：304 - 330.

[43] 冯巍，胡波，杨成，等. 基于贝叶斯理论的分布式多视角目标跟踪算法[J]. 电子学报，2011，39 (2)：315 - 321.

[44] Otman Basir，Yuan X. Engine fault diagnosis based on multi-sensor information fusion using Dempster-Shafer evidence theory[J]. Information Fusion，2007，8：379 - 386.

[45] Osman A，Kaftandjian V，Hassler U. Improvement of X-ray castings inspection reliability by using Dempster-Shafer data fusion theory[J]. Pattern Recognition Letters，2011，32 (2)：168 - 180.

[46] Hiromitsu Kumamoto，Kenji Ikenchi，Koichi InoueErnest J. Henley，Application of expert system techniques to fault diagnosis[J]. Chemical Engineering Journal，1984，29(1)：1 - 9.

[47] Chester D，Lamb D，Dhurjati P. Rule-based computer alarm analysis in chemical process plants[J]. In Proceedings of 7th Micro-Delcon，1984：8.

[48] Tarifa E，Scenna N. Fault diagnosis，directed graphs and fuzzy logic[J]. Computers and Chemical Engineering，1997，(21).

[49] Scenna N J. Some aspects of fault diagnosis in batch processes[J]. Reliability Engineering and System Safety，2000，70 (1)：16.

[50] Cheung J T，& Stephanopoulos G. Representation of process trends part I[J]. Computers and Chemical Engineering，1990，14 (4 - 5)：6.

[51] Janusz M，Venkatasubramanian V. Automatic generation of qualitative description of process trends for fault detection and diagnosis[J]. Engineering Applications of Artificial Intelligence，1991，4 (5)：11.

[52] Mah R S H TAC，Tung S H，Patel A N. Process trending with piecewise linear smoothing [J]. Computer and Chemical Engineering，1995，19 (2)：9.

[53] Vedam H. A wavelet theory-based adaptive trend analysis system for process monitoring and diagnosis[J]. American control conference，1997：5.

[54] Maurya M R，Rengaswamy R，Venkatasubramanian V. Asigned directed graph and qualitative trend analysis-based framework for incipient fault diagnosis[J]. Chemical Engineer Research and Design，2007，85 (A10)：6.

[55] Kresta J V，MacGregor J F，Marlin T E. Multivariate statistical monitoring of processes

[J]. Canadian Journal of Chemical Engineering, 1991, 69 (1): 13.

[56] MacGregor J F, Kourti T. Statistical process control of multivariate processes[J]. Control Engineering Practice, 1995, 3 (3): 10.

[57] 姜万录, 吴胜强, 刘思远. 指数加权动态核主元分析法及其在故障诊断中应用[J]. 机械工程学报, 2011, 47 (3): 6.

[58] MacGregor J F, Jacckle C. , Kiparissides C. Process monitoring and diagnosis by multiblock PLS methods[J]. American Institute of Chemical Engineers Journal, 1994, 40 (5): 13.

[59] Gao Jianmin L G, Gao Zhiyong. Fault Propagation Analysis for Complex System based on smallworld network mode[J]. Reliability and Maintainability Symposium, 2008: 6.

[60] Li Guo G J, Chen Fumin. Construction of Causality Diagram Model for Diagnostics[J]. Reliability and Maintainability Symposium, 2008: 6.

[61] Han Zhong G J, Chen Fumin. Process System Fault Source Tracing Based on Bayesian Networs[J]. Reliability and Maintainability Symposium, 2009: 6.

[62] 黄信林. 面向分布式复杂机电系统的多因素关联影响故障溯源方法研究[D]. 西安: 西安交通大学, 2012.

[63] 徐萃薇. 计算方法引论[M]. 北京: 高等教育出版社, 1985.

[64] 韩中. 分布式复杂机电系统建模与安全分析若干关键技术研究[D]. 西安: 西安交通大学, 2010.

[65] 朱继洲. 故障树原理和应用[M]. 西安: 西安交通大学出版社, 1989.

[66] Bouguettaya A, Le Viet Q. Data clustering analysis in a multidimensional space[J]. Information Sciences, 1998, 112 (1 - 4): 267 - 295.

[67] Chen T, Zhang N L, Liu T, et al. Model-based multidimensional clustering of categorical data[J]. Artificial Intelligence, 2012, 176 (1): 2246 - 2269.

[68] de Morsier F, Tuia D, Borgeaud M, et al. Cluster validity measure and merging system for hierachical clustering considering outliers[J]. Pattern Recognition, 2015, 48 (4): 1478 - 1489.

[69] 吕延庆. 非线性数据支持下的分布式复杂机电系统状态分析若干关键技术研究[D]. 西安: 西安交通大学, 2013.

[70] 吕金虎, 陆君安, 陈士华. 混沌时间序列分析及应用[M]. 武汉: 武汉大学出版社, 2002.

[71] 徐宗本, 张讲社, 郑亚林. 计算机智能中的仿生学: 理论与算法[M]. 北京: 科学出版社, 2003.

[72] McCormick B H, DeFanti T A, Brown M D. Visualization in ScientificComputing[J]. Computer Graphics, 1987, 21 (6).

[73] Haber DAM R B. Visualization Idioms: A Conceptual Model for Scientific Visualization Systems. Visualization in Scientific Computing. IEEE Computer Society Press, Los Alamitos, 1990.

[74] Senay EI H. A Knowledge-Based System for Visualization Design[J]. IEEE Computer Graphics and Applications, 1994: 36 - 47.

[75] 洪文学, 李昕, 徐永红, 等. 基于多元统计图表示原理的信息融合和模式识别技术[M]. 北京: 国防工业出版社, 2008.

[76] Keim D A. Designing Pixel-Oriented Visualization Techniques: Theory and Application[J].

IEEE Computer Graphics and Applications, 2000, 6 (1): 59 - 78.

[77] 孙锴,高建民,高智勇. 基于数据驱动的系统彩色图谱分析现代工业系统健康状态[J]. 机械工程学报, 2012, 48 (18): 186 - 191.

[78] Kai S, Jianmin G, Zhiyong G, et al. Plant-wide quantitative assessment of a process industry system's operating state based on color-spectrum[J]. Mechanical Systems and Signal Processing, 2015, 60 - 61 (0): 644 - 655.

[79] 盛骤,谢式千,潘承毅. 概率论与数理统计[M]. 北京:高等教育出版社, 2001.

[80] Janert P K. 数据之魅:基于开源工具的数据分析[M]. 北京:清华大学出版社, 2012.

[81] Jiawei Han M K, Jian Pei. Data Mining Concepts and Techniques[M]. 北京:机械工业出版社, 2012.

[82] 董长虹,高志,余啸海. MATLAB 小波分析工具箱原理与应用[M]. 北京:国防工业出版社, 2004.

[83] 吴宗之,刘茂. 重大事故应急救援系统及预案导论[M]. 北京:冶金工业出版社, 2003.

[84] 陈秉衡,宋伟民,毛惠琴. 环境化学品的危险度评价、危险度管理和可持续发展[J]. 环境与健康杂志, 2000, 17 (1).

[85] 马世海,魏利军. 浅谈如何开展危害辨识、风险评价和风险控制[J]. 中国职业安全卫生管理体系认证, 2003: 44 - 46.

[86] 章毓晋. 图像工程(上册)——图像处理和分析[M]. 北京:清华大学出版社, 1999.

[87] 杨杰,黄朝兵. 数字图像处理及 MATLAB 实现[M]. 北京:电子工业出版社, 2010.

[88] 王永庆. 人工智能原理与方法[M]. 西安:西安交通大学出版社, 2006.

[89] Varanon Uraikul CWC, Tontiwachwuthikul P. Artificial intelligence for monitoring and supervisory control of process systems[J]. Engineering Applications of Artificial Intelligence, 2007, 20 (2): 115 - 131.

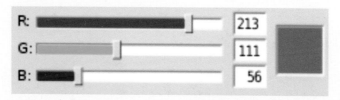

图2-12　24位真彩图像的色彩模型

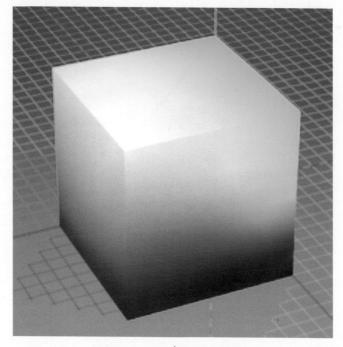

图2-13　RGB色彩立方体

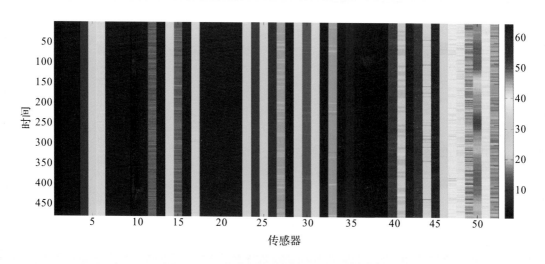

图2-14　TEP无故障数据集系统彩色图谱

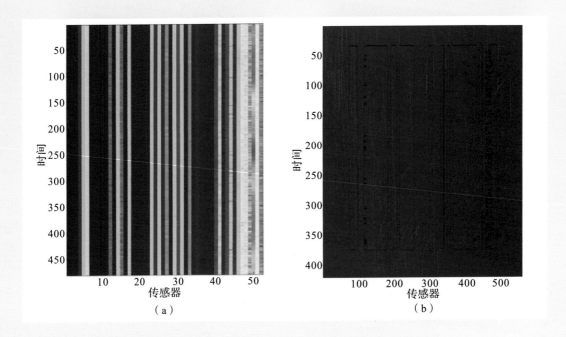

（a）　　　　　　　　　　　　　（b）

图4-1　TEP无故障数据集的轮廓线

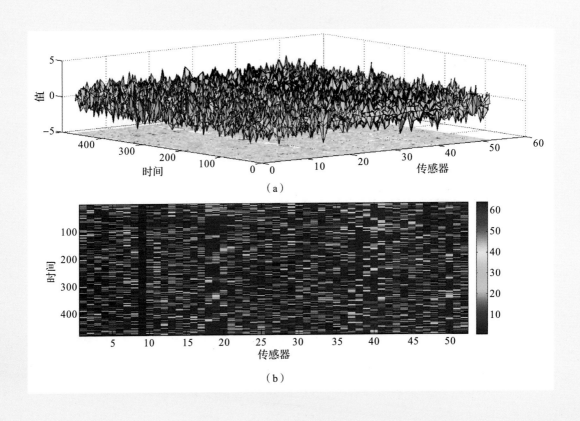

（a）

（b）

图4-6　TEP无故障数据包归一化

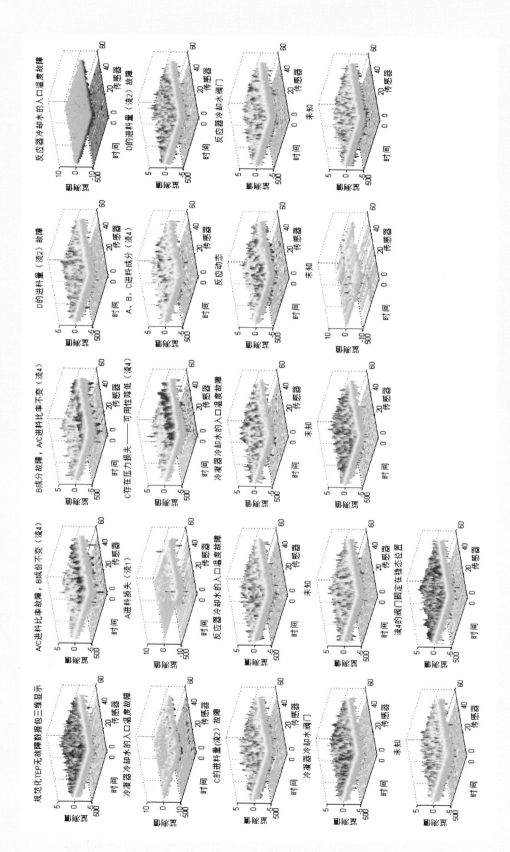

图4-7　TEP数据包归一化

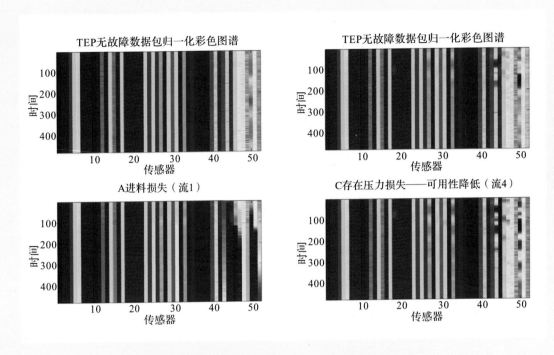

图4-8　有故障彩色图谱与无故障彩色图谱的对比

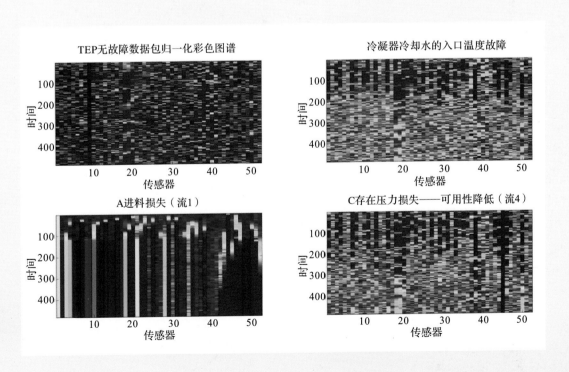

图4-9　TEP数据包归一化系统彩色图谱

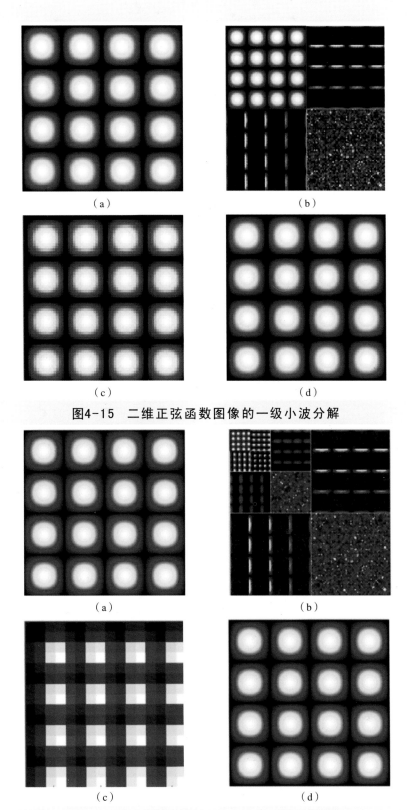

（a）　　　　　　　　　　（b）

（c）　　　　　　　　　　（d）

图4-15　二维正弦函数图像的一级小波分解

（a）　　　　　　　　　　（b）

（c）　　　　　　　　　　（d）

图4-16　二维正弦函数图像的三级小波分解

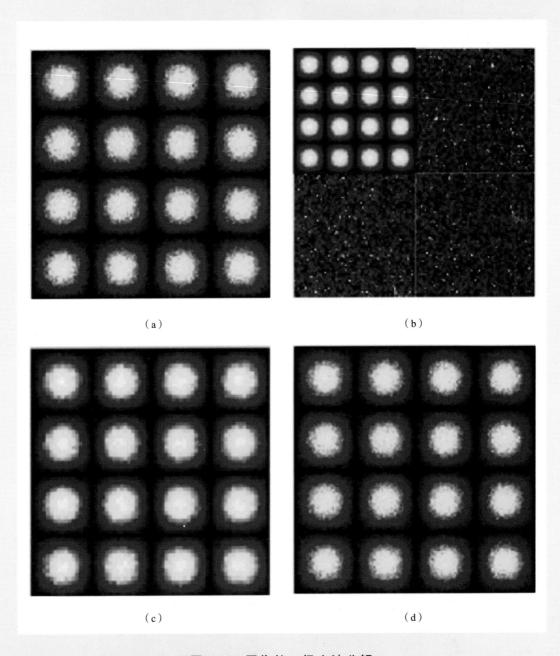

（a）   （b）

（c）   （d）

图4-18　图像的一级小波分解

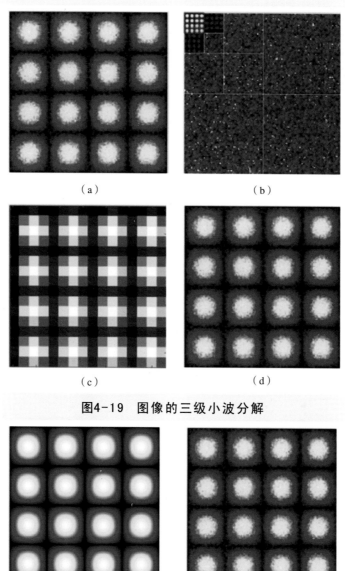

（a） （b）

（c） （d）

图4-19 图像的三级小波分解

（a） （b）

（c） 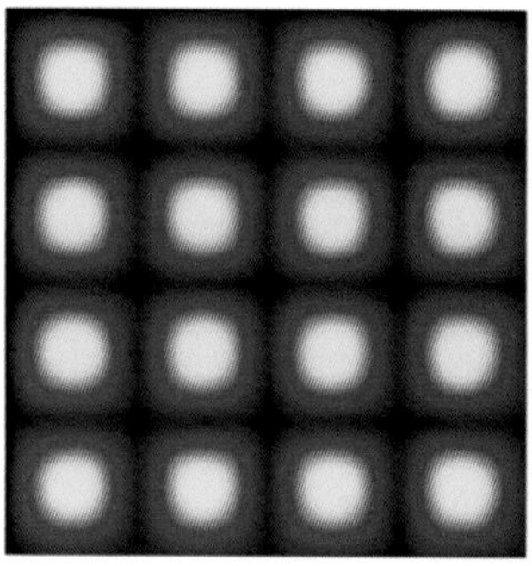 （d）

图4-20 二维正弦函数图像的降噪效果对比

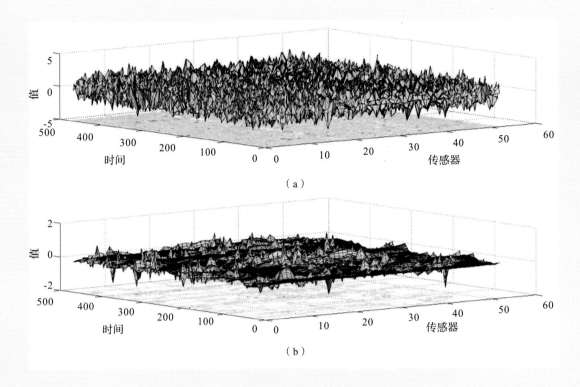

（a）

（b）

图4-21　TEP无故障数据包降噪前后对比

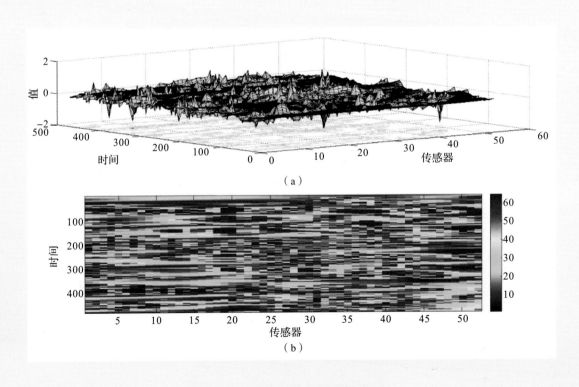

（a）

（b）

图4-22　降噪后的系统彩色图谱

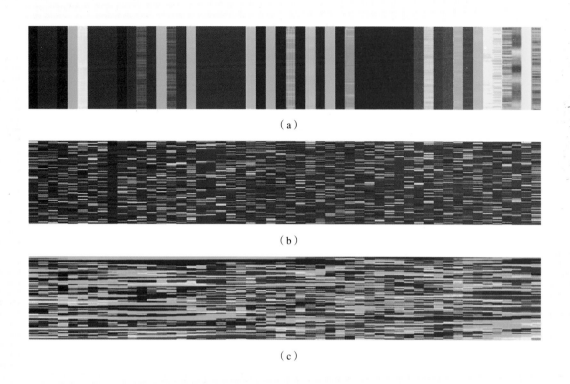

（a）

（b）

（c）

图4-23　原始彩色图谱与经过处理的彩色图谱的对比

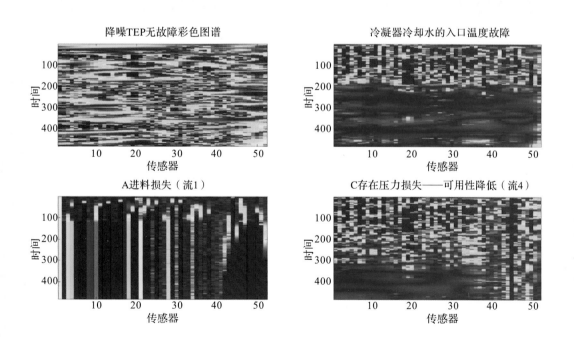

图4-24　TEP归一化彩色图谱的二维小波降噪

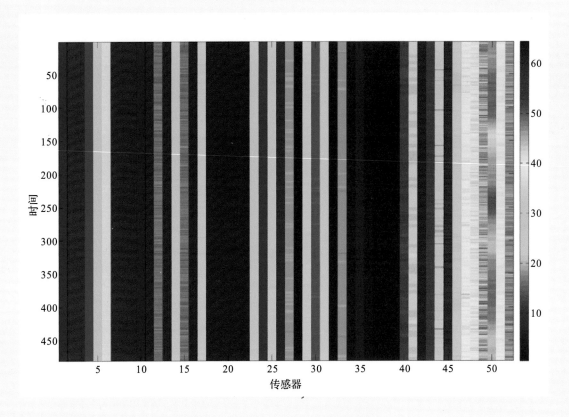

图5-1 TEP无故障系统彩色图谱

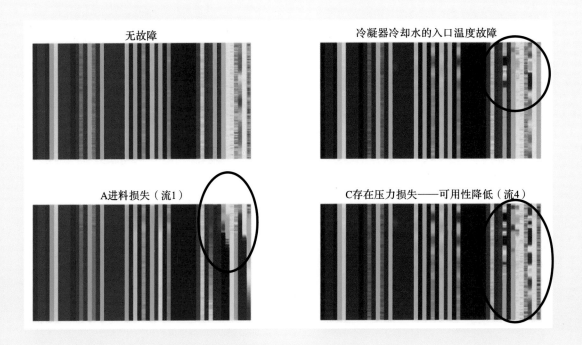

图5-2 无故障数据系统彩色图谱和有故障数据系统彩色图谱的对比

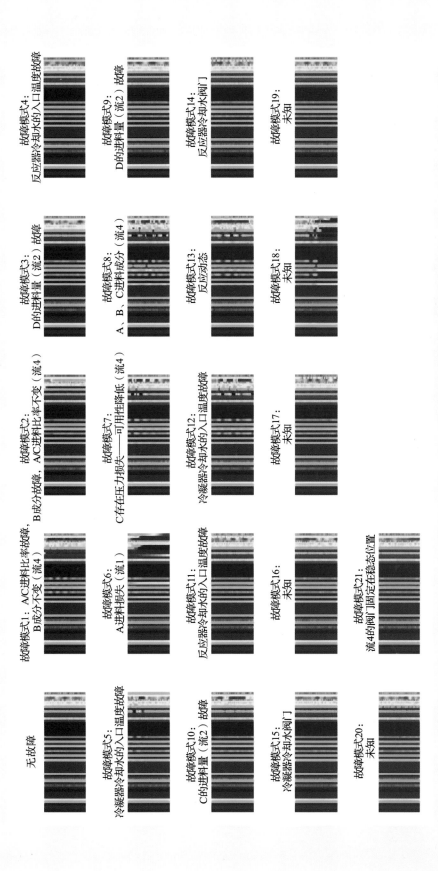

图5-3 TEP的21个典型故障模式的系统彩色图谱

无故障

故障模式1: A/C进料比率故障,
B成分不变 (流4)

故障模式2:
A/C进料比率不变 (流4)
B成分故障,

故障模式3:
D的进料量 (流2) 故障

故障模式4:
反应器冷却水的入口温度故障

故障模式5:
冷凝器冷却水的入口温度故障

故障模式6:
A进料损失 (流1)

故障模式7:
C存在压力损失——可用性降低 (流4)

故障模式8:
A、B、C进料成分 (流4)

故障模式9:
D的进料量 (流2) 故障

故障模式10:
C的进料量 (流2) 故障

故障模式11:
反应器冷却水的入口温度故障

故障模式12:
冷凝器冷却水的入口温度故障

故障模式13:
反应动态

故障模式14:
反应器冷却水阀门

故障模式15:
冷凝器冷却水阀门

故障模式16:
未知

故障模式17:
未知

故障模式18:
未知

故障模式19:
未知

故障模式20:
未知

故障模式21:
流4的阀门固定在稳态位置

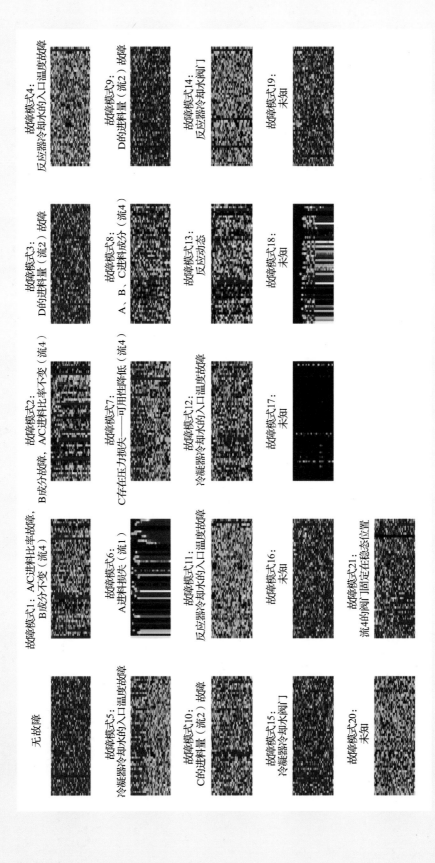

图5-4 TEP的21个典型故障模式的归一化系统彩色图谱

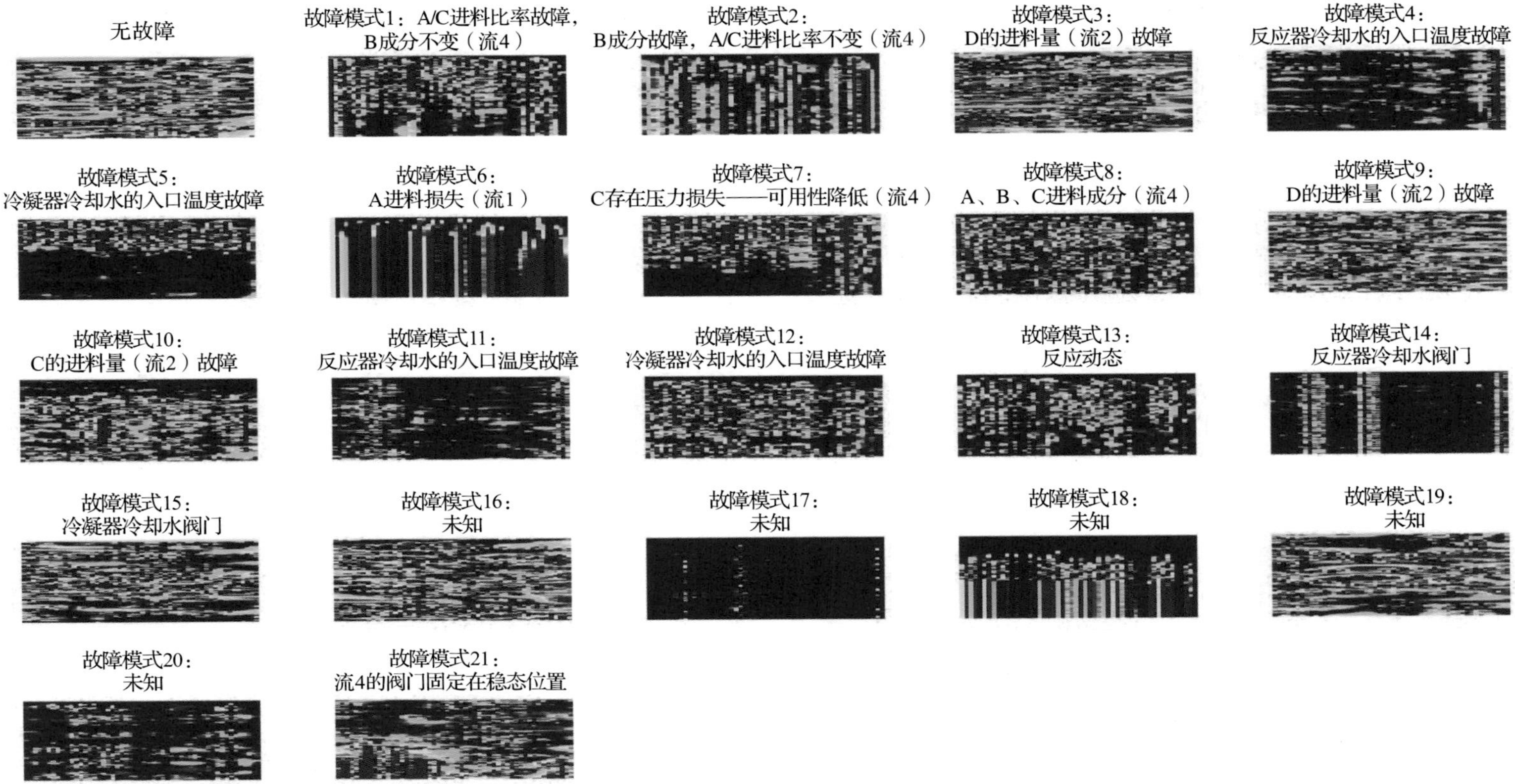

图5-5 TEP的21个典型故障模式降噪后的系统彩色图谱

无故障

故障模式1：A/C进料比率故障，
B成分不变（流4）

故障模式2：
B成分故障，A/C进料比率不变（流4）

故障模式3：
D的进料量（流2）故障

故障模式4：
反应器冷却水的入口温度变故障

故障模式5：
冷凝器冷却水的入口温度变故障

故障模式6：
A进料损失（流1）

故障模式7：
C存在压力损失——可用性降低（流4）

故障模式8：
A、B、C进料成分（流4）

故障模式9：
D的进料量（流2）故障

故障模式10：
C的进料量（流2）故障

故障模式11：
反应器冷却水的入口温度变故障

故障模式12：
冷凝器冷却水的入口温度变故障

故障模式13：
反应动态

故障模式14：
反应器冷却水阀门

故障模式15：
冷凝器冷却水阀门

故障模式16：
未知

故障模式17：
未知

故障模式18：
未知

故障模式19：
未知

故障模式20：
未知

故障模式21：
流4的阀门门固定在稳态位置

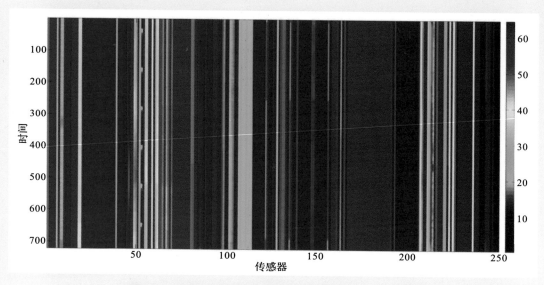

图7-8　空气压缩机组无故障数据系统彩色图谱

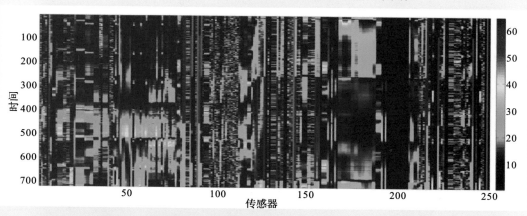

图7-9　空气压缩机组无故障数据归一化系统彩色图谱

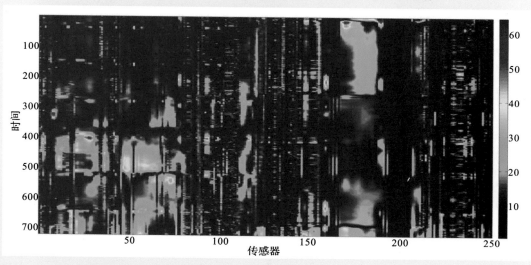

图7-10　空气压缩机组无故障数据降噪后的系统彩色图谱

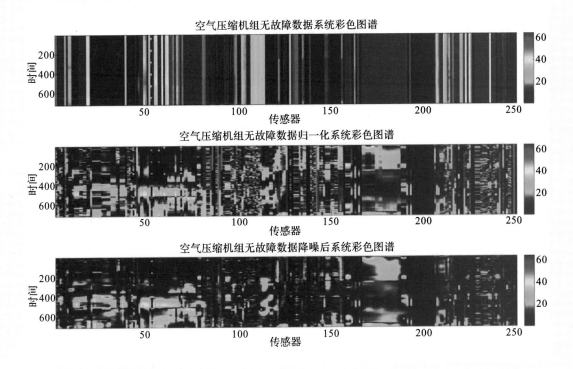

图7-11 空气压缩机组无故障数据三类彩色图谱对比

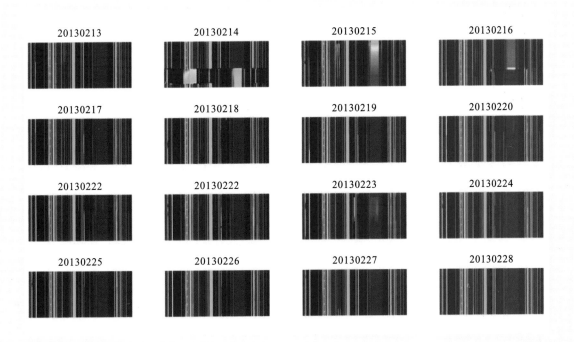

图7-12 包含异常信息的系统彩色图谱序列

图7-13 数据预处理后的系统彩色图谱

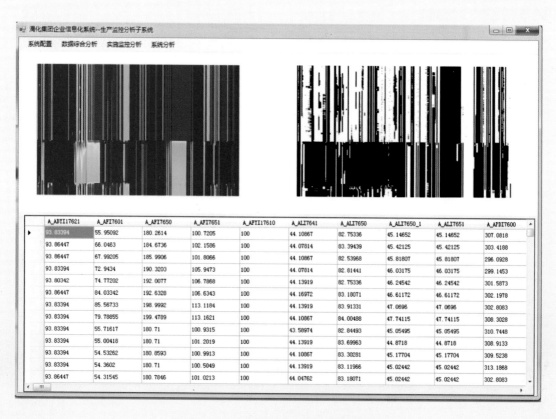

图8-8 生产系统实时监控数据分析